シリーズ 環境社会学講座

3

福島原発事故は人びとに何をもたらしたのか

不可視化される被害、再生産される加害構造

関 礼子・原口弥生 編

新泉社

［本扉写真］

震災後初めて訪れた母親宅が倒壊していた事実を知り、
茫然と立ちつくす女性（二〇一四年八月、双葉町）
撮影：アンソニー・バラード（Anthony Ballard）

福島原発事故は人びとに何をもたらしたのか

——不可視化される被害、再生産される加害構造

目次

序章
不可視化される被害と再生産される加害構造
関礼子 012
1 はじめに 012
2 福島原発事故被害の特異性と避難指示の経緯 014
3 避難をめぐる構造的暴力 018
4 〈中心―周辺〉構造の再生産と権力同調作用 021
5 ランド・ヘルス（土地の健全性）と生業・生活の再建 024
6 本書の構成 026

I 福島原発事故の〈加害―被害〉構造
史上最大の公害事件の背景

第1章 福島原発事故がもたらした分断とは何か　藤川 賢　032
1 はじめに——分断をめぐる福島原発事故の特徴　032
2 福島原発事故をめぐる混乱と分断のしわ寄せ　034
3 生活と地域の再建をめぐる課題　040
4 失われた世界と新たな関係　047
5 むすび——分断をいかに問い直すか　053

第2章 原発城下町の形成と福島原発事故の構造的背景　長谷川公一　057
1 沿岸部の過疎地域が原発城下町化する構造　057
2 福島第一、第二原発建設の経緯と反対運動の困難　059
3 福島原発事故の構造的・組織的背景　068
4 日本社会はなぜ変われないのか　077

第3章
不安をめぐる知識の不定性のポリティクス
避難の合理性をめぐる対立の深層
平川秀幸 083

1 原発事故がもたらした〈不安〉と科学の対立 083
2 知識の不定性とは何か——不定性マトリックスによる分類とその実践的意義 086
3 前橋地裁判決を読み解く——不定性のポリティクスの場としての法廷 088
4 前橋地裁判決の正当性を考える 094

II 被害を封じ込める力、被害に抗う力

第4章 避難者を受け入れた被災地域の葛藤 高木竜輔 102

1 ある落書きから 102
2 原発避難者受け入れ地域としてのいわき市 103
3 軋轢の背景 106
4 軋轢をどう読み解くか、そしてどう乗り越えていくか 113

第5章 避難指示の外側で何が起こっていたのか 自主避難の経緯と葛藤 西﨑伸子 118

1 社会問題としての「自主避難」 118
2 自主避難の初期段階——制度による翻弄 121
3 長引く避難生活と帰還の葛藤 126
4 定住地と新たな生き方を探し求めて 130

第6章 原子力損害賠償制度の不合理
被害者の異議申し立てと政策転換
除本理史 135

1 公害事件としての福島原発事故 135
2 政府による避難の線引きと賠償・支援策の区域間格差 136
3 原子力損害賠償制度の仕組みと問題点 139
4 「ふるさとの喪失」とは何か 142
5 被害者の異議申し立て 143
6 政府の復興政策を問う 149

第7章 農林水産業は甦るか
条件不利地の葛藤と追加的汚染
小山良太 152

1 はじめに 152
2 土壌汚染測定・試験栽培の取り組み 155
3 放射能汚染対策の推移 156
4 震災一〇年目の福島県農業の到達点 157
5 風評被害問題と市場構造の変化 160

6 福島県農業の復興の課題——流通対策から生産認証制度へ 166
7 おわりに 169

コラムA 農地の除染が剝ぎ取るもの 野田岳仁 172

III 「復興」と「再生」のなかで
増幅され埋もれていく被害

第8章 「ふるさとを失う」ということ
定住なき避難における大堀相馬焼の復興と葛藤 望月美希 178

1 原発事故避難と失われた「ふるさと」をめぐって 178
2 原発事故と大堀相馬焼 183
3 「ふるさと」との断絶——「定住なき避難」の渦中にある窯元 188
4 奪われたものは何か——土地との結びつきを失った産業復興 193

第9章
「生活再建」の複雑性と埋もれる被害　原口弥生　198
1　はじめに　198
2　リスク回避行動の先にある「生活再建」　200
3　時間の経過と新たな「被害」　207
4　「生活再建」が持つ複数の顔――被害の不可視化　213
5　おわりに　217

第10章
福島原発事故からの「復興」とは何か
復興神話とショック・ドクトリンを超えて　関礼子　221
1　「復興」の横顔　221
2　「安全神話」と「復興神話」　224
3　帰還政策と復興事業　229
4　復興事業と「復興災害」――ショック・ドクトリン　234
5　「復興神話」に抗う　241

コラムB　未完の復興——福島県広野町のタンタンペロペロの復活と交流の創出　廣本由香　244

コラムC　原発事故の記憶と記録——展示とアーカイブの役割　林　勲男　249

終　章　加害の増幅を防ぐために
被害を可視化し、「復興」のあり方を問う　原口弥生　254

編者あとがき　268

文献一覧　i

＊ブックデザイン……藤田美咲
＊カバー表・裏・袖 写真……新泉社編集部
但し、袖裏側一番下の写真……関 礼子

序章

不可視化される被害と再生産される加害構造

関 礼子

1 はじめに

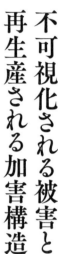

> 原子力発電はもともと脆弱な体質を持っていて、面倒な問題は目をつぶって解決を先延ばしにして来たわけでした。ですから、仮にあの大震災がなくとも、いずれ近い将来に大きな困難に出会うと心配されていました。この機会に根本から考え直さない限り、原子力発電を再開することはできないと思います。[藤本 2014: 251]

どれほど大きな災禍であっても、時が経つにつれて忘れられる。忘却に抗(あらが)って記録し、記憶し続けようという試みも、『方丈記』の昔から常に続けられてきた。東日本大震災の記憶をめぐっては、被災した建物などを震災遺構として保存しようという声があがる一方で、「思い出したくない」と解体・撤去を望む声も伝えられてきた。政府主催の追悼式は、震災から一〇年が経った二〇二一年を区切りにして終了した。新型コロナウイルスの感染拡大の折とあって、被災自治体の中でも追悼式を行わないところが出てきた。

出来事を忘却することは風化とも呼ばれる。こと福島第一原子力発電所事故（以下、福島原発事故）を忘れることは、被害を放置したまま問題を風化させることにつながるだろう。事故から一〇年以上を経ても避難を続けている人びとの苦痛、避難者を帰還させるための除染や復興事業が抱える問題、農林水産業や地場産業の再生を阻む諸状況、廃炉作業の困難や、漁業関係者などの同意なく進むトリチウム汚染水（ALPS処理水）の海洋放出計画など、福島原発事故はなおも多くの問題を抱えている。

福島原発事故はなぜ起こり、その後どのような経緯をたどってきたのか。本書では環境社会学の分析視角を軸に、原発事故一〇年余の被害の多面性と複雑性を三点から掘り下げ、福島原発事故とは何であったかを照射してみたい。

第一は、避難指示区域等の設定・再編・解除、帰還政策の推進と復興事業の展開から、福島原発事故被害の不可視化を「構造的暴力」としてとらえることである。第二は、原発の立地・増設を支えてきたエネルギー開発の〈中心―周辺〉構造（本講座第2巻参照）が、事故収束作業や廃炉事業、除染や復興事業の中で再生産されているということである。第三は、福島原発事故がもたらした被害は一過性のものではなく、事故から一〇年以上を経てもなお、自然とのかかわり方や生業のあり方、地域の中で培ってきた社会関係の剝奪や損傷が不可視化し、深化しているという点である。

2 福島原発事故被害の特異性と避難指示の経緯

二〇一一年三月一一日に起きた東北地方太平洋沖地震とそれに伴う津波災害や福島原発事故を総称して東日本大震災と呼ぶ。東日本大震災とは、地震・津波・原発事故の大規模複合災害である。**表 序-1**は東日本大震災による被害状況を示している。地震・津波による住宅被害や人的被害は宮城県が最大であった。対して、原発事故により一二市町村に避難指示等が出された福島県は、[1]死者・行方不明者数こそ被災三県で最小であったが、災害関連死は宮城県の約二・五倍、災害関連自殺は約一・九倍にのぼった。福島第一原発に対して発出された原子力緊急事態宣言は、事故後一二年余が経過した二〇二三年七月時点においてもいまだ解除されておらず、原発事故は現在進行形の問題である。出来事の忘却ないし風化どころか、現在進行形

表 序-1　東日本大震災による被害の状況

	住家被害			人的被害		
	全壊	半壊	一部損壊	死者・行方不明者	災害関連死	災害関連自殺
岩手県	19,199	5,013	8,673	6,181	470	58
宮城県	85,311	151,719	224,225	11,759	930	64
福島県	20,841	70,901	160,535	2,912	2,333	119

注1：住家被害および人的被害のうち死者・行方不明者は，2012年9月11日時点.
注2：人的被害のうち災害関連死は，2022年3月31日時点.
注3：人的被害のうち災害関連自殺は，2023年3月31日時点.
出所：消防庁［2013: 83］（注1），復興庁［2022］（注2），
厚生労働省自殺対策推進室［2023］（注3）をもとに筆者作成.

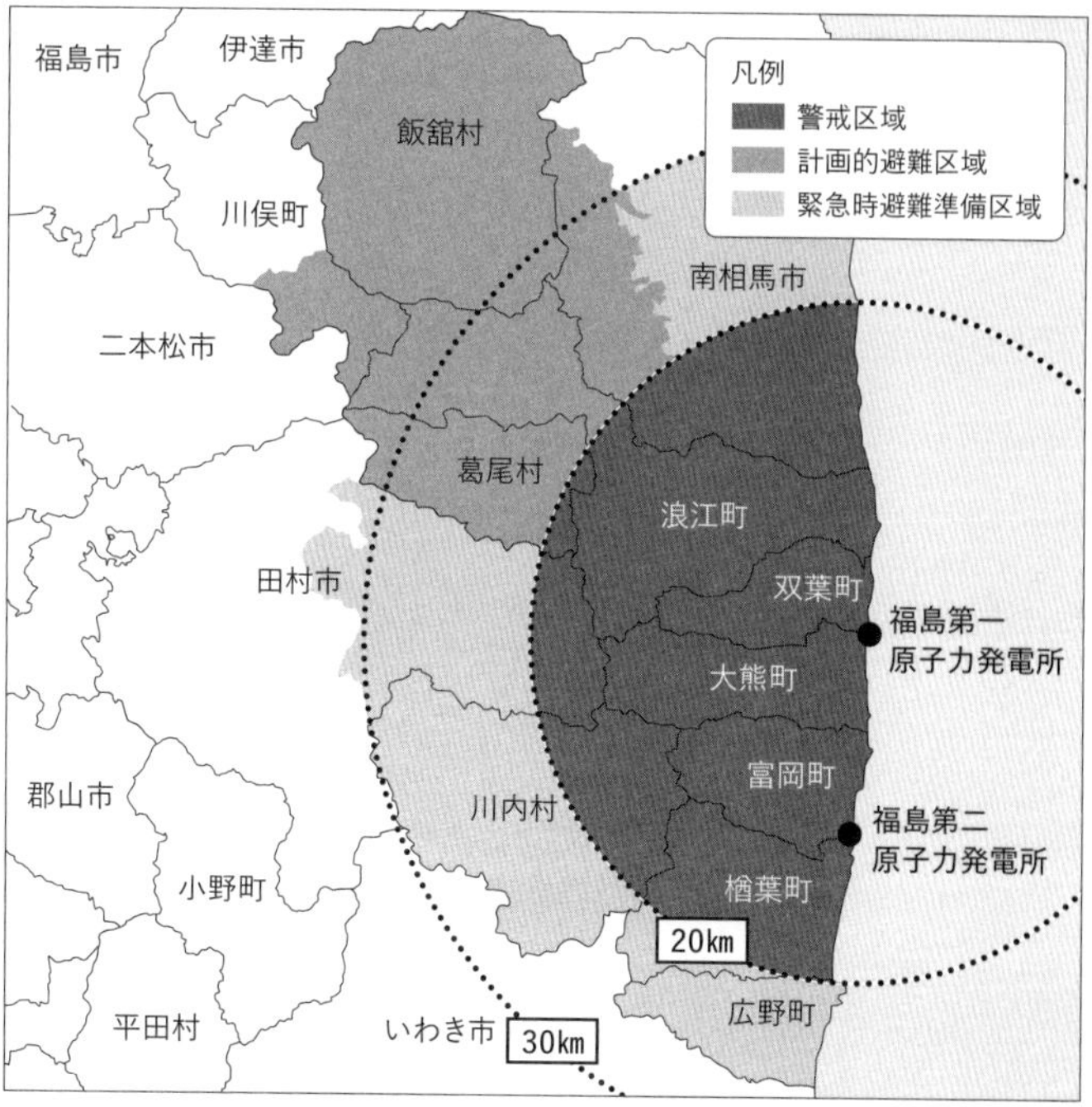

図 序-1　避難指示区域の状況（2011年4月22日時点）

出所：福島県ウェブサイト「避難区域の変遷について—解説—」をもとに作成.
（http://www.pref.fukushima.lg.jp/site/portal/cat01-more.html）

の問題が過去化され、潜在する被害が捨象され、不可視化されてしまっているところに、福島原発事故の特異性がある。

では、被害はどのようにして不可視化されてきたのか。はじめに、福島原発事故による避難指示等区域の変遷を振り返ってみよう。

①避難指示等区域の拡大時期

二〇一一年三月一一日に福島第一原発に原子力緊急事態宣言が発令され、周辺住民に避難指示が出された。[2] その範囲は徐々に拡大し、福島第一原発の二〇キロメートル圏内に避難指示、二〇～三〇キロメートル圏内に屋内退避指示が出されるに至った。

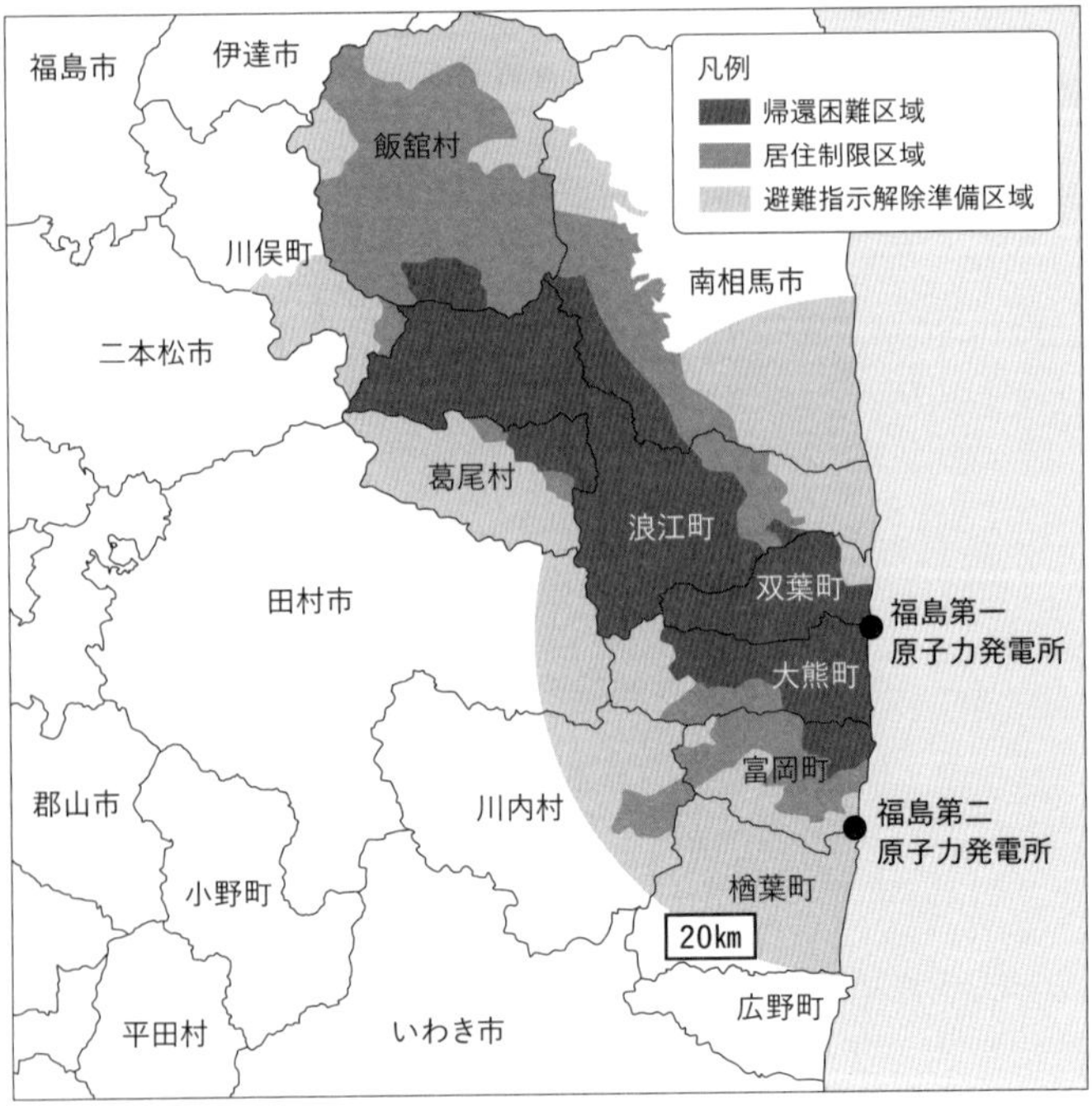

図 序-2　避難指示区域の再編状況（2013年8月8日時点）

出所：経済産業省ウェブサイト「避難指示区域の概念図」をもとに作成.
（http://www.meti.go.jp/earthquake/nuclear/pdf/130807/130807_01c.pdf）

四月二二日には、福島第一原発二〇キロメートル圏内が警戒区域となり、立ち入りが原則禁止された。二〇～三〇キロメートル圏は、いわき市北部を除いて、緊急時避難準備区域となった。また、放射線量がきわめて高い地域が新たに計画的避難区域に設定された（図序-1）。

②緊急時避難準備区域の解除

同年八月九日に、原子力対策本部は、公的サービスやインフラ等の復旧にめどが立った段階で緊急時避難準備区域を解除する方針を決定し、九月三〇日に緊急時避難準備区域の解除を指示した。

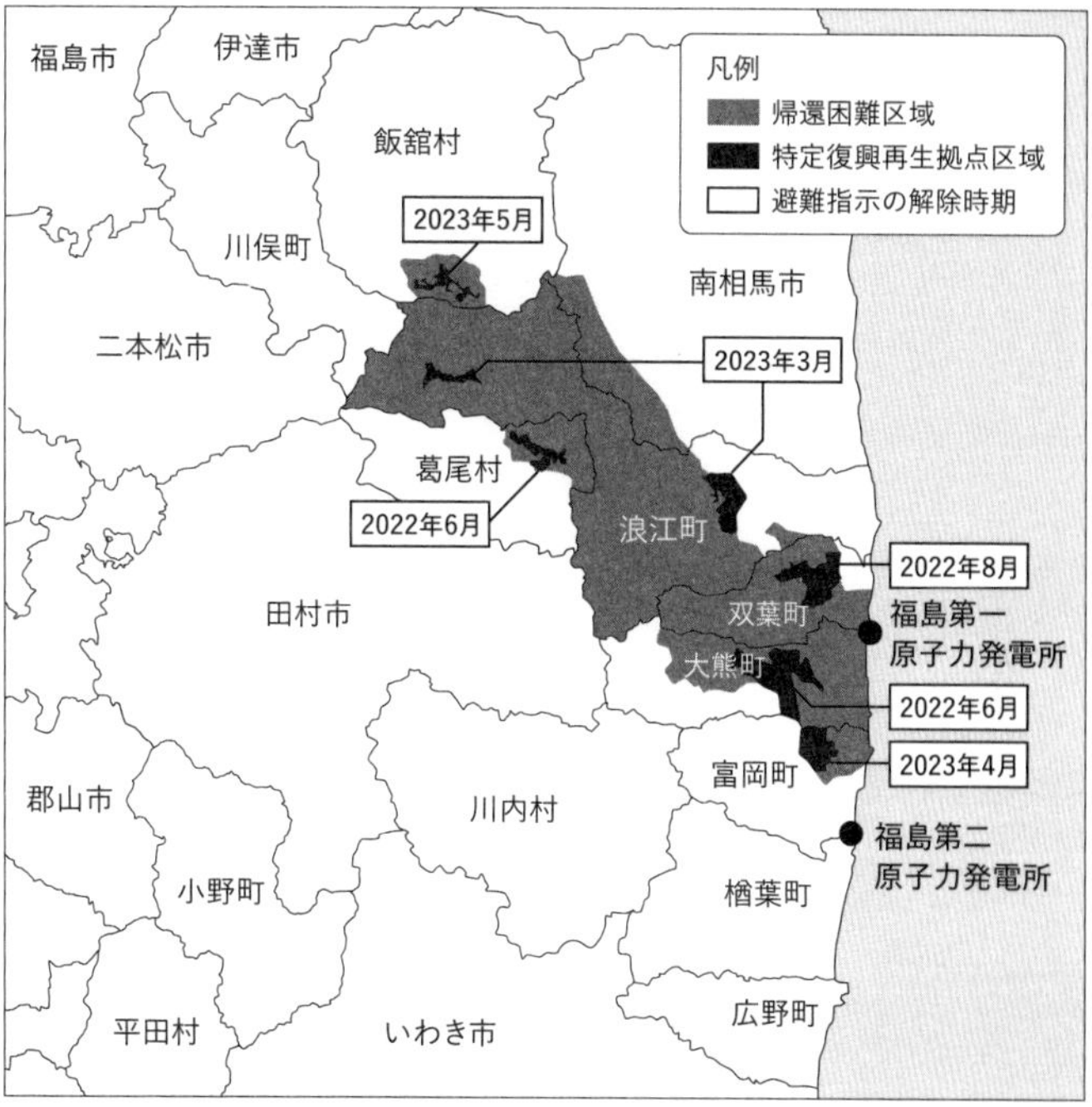

図 序-3　帰還困難区域内の特定復興再生拠点区域の設定

出所：環境省ウェブサイト「特定復興再生拠点区域」をもとに作成.
(http://josen.env.go.jp/kyoten/index.html)

③ 警戒区域の解除と避難指示区域の見直し

同年一二月一六日に福島第一原発は「冷温停止状態」にあると宣言され、同月二六日に警戒区域を解除して避難指示区域を見直す方針が示され、避難指示解除準備区域(年間積算線量が二〇ミリシーベルト以下となることが確実であると確認された地域)、居住制限区域(年間積算線量二〇ミリシーベルト超のおそれがある地域)、帰還困難区域(年間積算線量が五〇ミリシーベルトを超え、五年間を経過しても二〇ミリシーベルトを超えるおそれがある地域)の三つに再編されていく。

避難指示区域の再編は、二〇一二年四月一日の田村市、川内村に始まり、二〇一三年八月八日の川俣町(まち)の区域再編で完了した(図 序−2)。

④ 避難指示解除の促進

二〇一四年四月一日に田村市の避難指示解除準備区域が解除された。以後、二〇二〇年三月四日までに、すべての避難指示解除準備区域と居住制限区域の避難指示が順次、解除された。帰還困難区域については、特定復興再生拠点区域(復興拠点)を定めて除染やインフラ復旧を進め、二〇二三年五月までにすべての復興拠点の避難指示が解除された。それ以外については二〇二〇年代のうちに解除する方針が示されている(図 序−3)。

3 避難をめぐる構造的暴力

被害を線引きする区域設定は、異なる区域の内と外の避難者の間に溝をつくり、同じ被害を受けた住民、同じ被害を受けた地域であるという意識の共有を難しくしてきた(写真 序−1・序−2)。さらに、区域の設定・再編・解除をめぐる時間は、被害の潜在化と不可視化を促してきた。

当初、福島原発事故による避難者は、福島県外からの「自主避難」者、災害救助法が適用された福島県からの避難者、避難指示等区域からの避難者の三つに分けることができた(図 序−4)。しかし、まずは福島県外から避難した自主避難者の被害がないものにされた。次に、避難指示等の区域外の福島県から県外に避難した避難者が自主避難者とされ、被害が見えにくくなった。その後はさらに、避難指示が解除された地域の住民が自主避難者化していく状況がみられた。原発事故から一二年を経た二〇二三年五月には、避難指示が出ているのは復興拠点を除く帰還困難区域のみとなった。避難指示が解除された区域は復興段階にあり、被害が回復しつつあるというのが、国や東京電力の見解である。

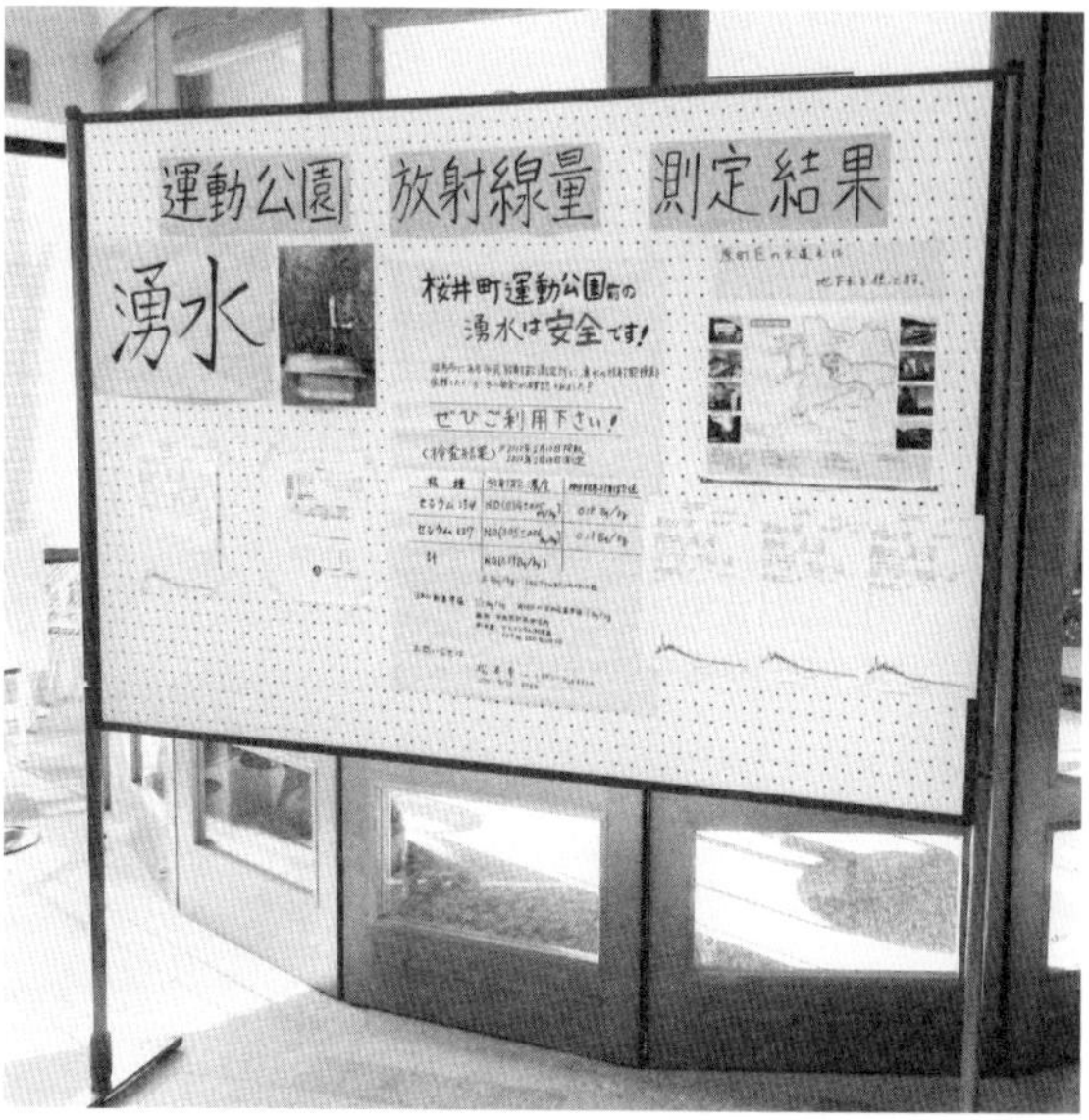

写真 序-1　「避難指示」の対象外とされたため，
多くの市民が不安を抱えながらの生活を強いられた
南相馬市原町区（2012年3月）
撮影：新泉社編集部

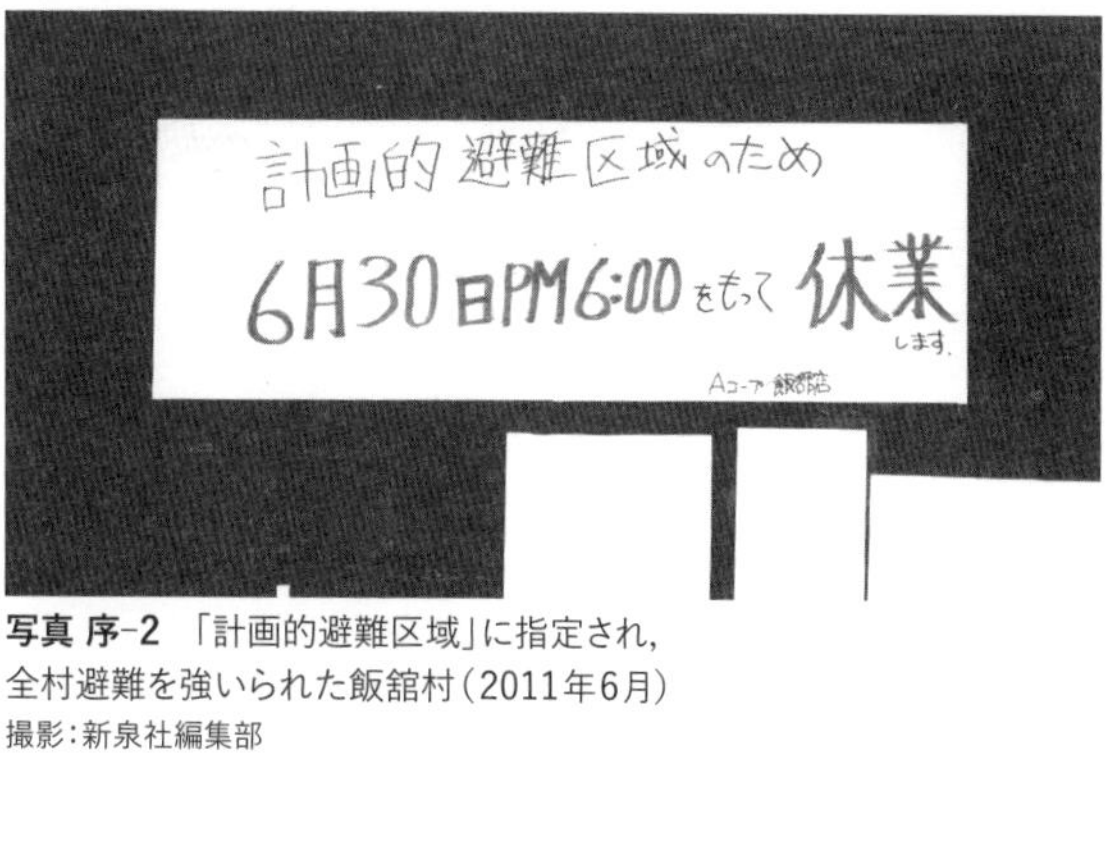

写真 序-2　「計画的避難区域」に指定され，
全村避難を強いられた飯舘村（2011年6月）
撮影：新泉社編集部

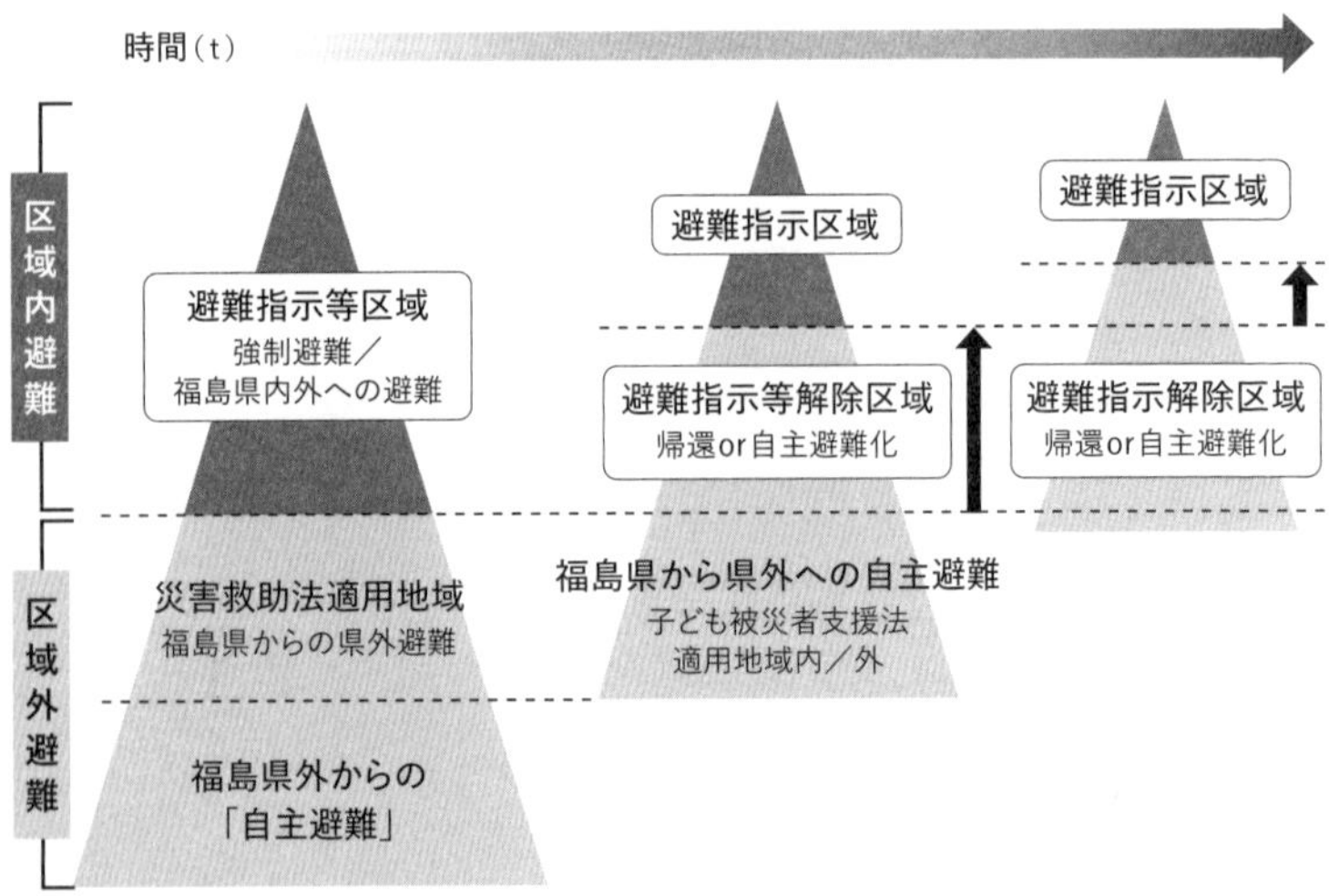

図 序-4　時間の経過による避難の不可視化

出所：関［2018: 224］を一部改変.

被害の潜在化と不可視化は、避難指示の有無が避難の正当性(相当性)を決定するという構図の中で生まれてきた。避難指示設定の基準は、国際放射線防護委員会(ICRP)の見解を根拠とし、年間積算線量二〇ミリシーベルト超としている。

避難指示がない地域からの自主避難は「勝手に避難した」と批判されてきた。東京電力は、全国各地で係争中の裁判の中で、二〇ミリシーベルトを下回る区域からの避難に「避難の相当性」はない、自主的避難等対象区域の住民の大多数は事故後もそこで生活を営み、多数の避難者を受け入れていると主張してきた。こうした言説は、原発事故汚染下で暮らす住民(滞在者)の葛藤や不満を無視し、自主避難者の被害を軽視することに与してきた。

避難指示等区域においても、二〇ミリ

シーベルト基準で避難指示が解除されて以降の避難の継続は、自主避難者と同様に自己都合であるというのが、複数の裁判での東京電力の主張であった。帰還困難区域であっても、原子力損害賠償紛争審査会の中間指針に基づく賠償や住宅確保損害賠償で、実損害を補って余りある賠償をしており、避難者はすでに避難先で移住・定住して平穏な暮らしを営んでいる、と主張してきたのである。

原発事故を防げなかった国と、事故を起こした東京電力の加害責任を減免するかのような二〇ミリシーベルト基準から垣間見られるのは、避難者の孤立や社会的な分断をもたらしてきた構造的暴力である。

4 〈中心—周辺〉構造の再生産と権力同調作用

放射性物質による環境汚染は、かつて通商産業省公害保安局の『産業と公害』〔通商産業省公害保安局編 1972: i〕が示したように、公害の一つである。そして、福島原発事故は「日本史上、最大かつ最悪の公害」〔伊東 2012: 38〕である。

原発城下町の形成から福島原発事故に至る過程、そして事故後の状況は、企業城下町の形成を通して企業と労働者、企業と地域住民の間にある不均衡な権力関係が、公害の発生と被害の拡大、被害者救済の遅れや放置を許してきた公害問題の構図と重なって見える（本講座第1巻参照）。

原子力委員会が示した「原子炉立地審査指針およびその適用に関する判断のめやすについて」

（一九六四年五月二七日）は、「万一の事故に備え、公衆の安全を確保するため」、原子炉の立地の適否を判断するための三つの条件を示していた〔原子力委員会 1965〕。第一に原子炉から一定の距離の範囲内は非居住区域であること、第二に非居住区域の外側の地帯は低人口地帯であること、第三に原子炉敷地は人口密集地帯から一定程度離れていることである。

『双葉原子力地区の開発ビジョン』〔国土計画協会 1968: 9〕は、原発立地によって工業開発が促進されることはないと記した。原発は関連産業の集積を必要としないから、原発立地後も三つの条件を満たす原発適地であり続けることができるのである。福島第一原発は〈中心―周辺〉構造の中で設置が決まり、原発城下町の形成を通して〈中心―周辺〉構造を強化しながら、原発増設を進めてきた。一九七四年制定の電源三法（電源開発促進税法、電源開発促進対策特別会計法、発電用施設周辺地域整備法）交付金によって、自治体が進めたハコモノ建設など公共事業は、原発に依存する政治的・経済的・社会的構造をつくり出した（写真 序―3）。原発の稼働後に交付金が減額されると、ハコモノの維持管理などで自治体財政は逼迫し、財源確保のために自治体が新たな原発の立地を求めるという「社会的共依存」〔舩橋 2012b: 105〕が生まれたのである。

福島原発事故の根底には、政治的・経済的中心が、国益・公益の名のもとに、周辺部に犠牲を強いる構造、(3) 別の言葉でいえば「受益と受苦の分配に関する地域格差構造と、社会的意思決定権の分配の格差構造」〔舩橋 2012a: 7〕が横たわっていた。さらに、「構造災」という観点から見ると、日本社会の構造的問題がはらむ深刻な問題群として、「誤った先例の踏襲」や「対症療法の連鎖」、「制度化された不作為」としての「秘密主義」などが浮かび上がってくる〔松本 2017: 52〕。

例えば、福島県で展開された原発反対運動は当初、原発が地域にもたらす不調和や不協和音を問題視していた。ある住民は、福島第一原発稼働後の状況を踏まえ、「原発の設置ということは農村のつつましい、健康的な生活の中に、対応しきれないほどの異質なものをもちこむことを意味します。すなわち住民の金銭に対する感覚、労働に対する感覚、そして生活感覚をも狂わせてしまう危険なものを内包しています」［日本科学者会議編 1973: 79］と語り、原発は地域の風紀を乱すものだと述べていた。

だが、ひとたび原発が立地すると、物心ついたときから原発があったという世代も増えてくる。「福島第一原発が完成し、稼働したのが一歳のとき。一九七一（昭和四六）年だった。つまり、私は福島第一原発の歴史とほぼ同じ時間を生きてきた」［藤井 2015: 151］という場合、原発は所与の風景だっただろう。当然、原発と地域の「共存共栄」という認識が、たとえ「共同幻想」［吉本 1968］であるにせよ、刷り込まれていたとしても不思議はない。福島第一原発で毎年のようにトラブルや事故が繰り返された［原子力総合年表編集委員会編 2014］。データの改ざんや偽装が問題になっても維持されてきた「共同幻想」は、福島第

写真 序-3
電源交付金で建設したことを明記している
福島県内自治体の公共施設
撮影：新泉社編集部

一原発の一号機稼働からちょうど四〇年の福島原発事故で終わりを迎えた。二〇一二年四月には福島第一原発の一〜四号機の廃炉が決定、二〇一四年一月に同五〜六号機の廃炉が決定、二〇一九年七月に福島第二原発一〜四号機の廃炉が決定した。

ところが、望むと望まざるとにかかわらず、原発事故後に、原発の「安全神話」は「復興神話」に置き換わり、かつての原発城下町は復興・廃炉事業の城下町へと組み換えられていった。福島原発の立地・増設を進めてきた不均衡な〈中心—周辺〉構造は、事故後の除染や復興事業、事故収束作業や廃炉作業のなかで再生産され、被害の受忍を強いるような権力同調作用が生まれてきている。被ばく労働に従事する作業員が被災地住民であったり、ハコモノ中心の復興事業が将来の自治体財政を圧迫したり、地域の実情に合わない復興事業を帰還住民が引き受けたりする不条理も見え隠れしている。

5 ランド・ヘルス(土地の健全性)と生業・生活の再建

避難指示等区域の人びとは、住み慣れた土地から避難を余儀なくされただけでなく、避難先の地域の人びととの関係性でもダメージを受けた。一般に、対立や軋轢、差別が生じるところには、背後に制度的な問題が横たわっていることが多い。区域の別によって被害が線引きされ、補償に格差があることへの不満(相対的剥奪感:relative deprivation)は、加害者にではなく、相対的に自分よりも多くの補償を受けている避難者に向けられ、軋轢や対立として顕在化した。多数の避難者を受け入れてきたいわき市では、避難者支援の市民ボランティアらの活動を覆い隠すほどの嫌がらせもあった。仮設住宅にロケット花火が打ち込まれたり、仮設住宅の駐車場で車の窓ガラスが割られたりした。複数の公共施設で避難者を中傷する落書きもあった（『朝日新聞』二〇一三年六月二一日）。

よその地域で縮こまって避難生活を送ってきた人びとである。避難指示解除と同時に「ふるさと」に帰還し、あるいは避難先から通い農業をして手足を伸ばし、「負性を帯びた土地資本」［大森2021］になってしまった風土のウェルネス（健やかさ）やランド・ヘルス（土地の健全性：land health）を取り戻そうと汗を流す人もいる。

人と自然のかかわりのなかでつくり込まれ、維持されてきた田畑や山林は、人びとの生業の舞台であると同時に、生活に活気や潤いを与えてきた。再び土地に働きかけることで、人と自然とがかかわる日常や生き方、地域らしさを取り戻し、原発事故がもたらした被害の負のループから抜け出そうと奮闘しているのである。

もちろん、原発事故で傷ついた地域の生業復興は、簡単ではない。復興を後押しする「物語（ナラティブ）」も必要だ。熊本県水俣市では、「毒を食べさせられたものは、人に毒を食べさせてはいけない」という水俣病患者の言葉とともに、減農薬または無農薬、無添加、栽培期間中無肥料の産品が注目されるようになった。水俣市も、環境と健康に配慮したものづくりを推進する「環境マイスター制度」をつくって、水俣ブランドの形成を後押ししてきた。ＪＣＯ臨界事故（一九九九年）があった茨城県東海村は、「安心して住める村づくり」を目指した環境村へと舵を切り、環境に配慮した干し芋生産で注目を集めた。環境や社会に関する倫理的な(ethical)価値を大切にするような、エシカル消費(倫理的消費)を後押しする「物語」が、地域の応援団を増やし、いわゆる交流人口を増やした事例として参考になる。

ただし、「物語」とともに前に進むには、福島原発事故による加害の来歴を明らかにし、被害の総体を把握するとともに、個別具体的な問題に一つずつピリオドを打たねばならない。原発事故が抱える諸問題には、環境社会学が分析の対象としてきた公害の〈加害―被害〉構造が現代的な形で現れている。本書では、被害者に犠牲を強い、被害を封じ込める力に抗って、被害の反復と増幅の連鎖から社会を解き放つ方途を考えるヒントを見いだしたい。

6 本書の構成

本書は、三部構成になっている。

第I部では、公害事件としての福島原発事故の〈加害―被害〉の構造をみていく。

原発事故がもたらした生産者と消費者、避難指示区域内と区域外、避難する人と留まる人との分断、葛藤など被害の諸相を明らかにしたうえで(第1章)、一九七〇年代に福島第一原発一～六号機、八〇年代に福島第二原発一～四号機と、短期間に原発一〇基が集中立地し、毎年のように事故やトラブルを発生させながら、二〇一一年三月の福島原発事故をもたらすに至った経緯や構造的・組織的要因を振り返る(第2章)。そのうえで、分断の背景に横たわる放射能に関するリスク認識の問題について、群馬訴訟前橋地裁判決を具体例にとらえ返す（第3章）。

第Ⅱ部では、被害を封じ込める力と被害に抗う力について考える。福島県内の避難指示区域の内と外との分断は、原発事故発生当初から多くの避難者を受け入れてきたいわき市で顕在化した。いわき市では、放射能汚染下に滞在する恐怖や不安が続いていたにもかかわらず、円滑な人間関係を保つために、放射能の話題を避けるようになっていた。しかし、区域の線引きが賠償格差に直結したことで、市民と避難者との間に軋轢が生じたのである（第4章）。

では、いわき市のような避難指示区域外から県外に避難した人びとは、どのような避難生活を送ってきたのだろうか。原発事故からの一〇年の時間は、悩みの位相を変化させるに十分な歳月である。子どもが進学・就職して別の場所に転居し、親だけが避難先に取り残されるといった事態も生じている。第5章では、自主避難者に焦点を当てながら、それぞれの原発事故からの一〇年について考える。

原発事故からの一〇年は、特例法によって延長された原発事故賠償の時効にかかる年限でもある。東京電力は時効について柔軟な対応をすると表明しているが、裁判外で迅速な問題解決をはかるための原発ＡＤＲ（原子力損害賠償紛争解決センター〔原発ＡＤＲセンター〕へ申し立てを行う裁判外紛争解決手続）も、東京電力の和解拒否で、改めて裁判を起こさざるをえないケースが生じてきた。第6章では、原子力損害賠償の仕組みや各地で提訴されている損害賠償請求訴訟を中心に議論を展開する。

裁判では、避難に伴う損害だけでなく、農業をはじめとする生業の困難、山野での山菜、キノコ採り、ニホンミツバチの養蜂など、自然の中に分け入って行うマイナー・サブシステンス活動［松井 1998］ができなくなった、祭りや伝統文化をはじめ地域社会の共同性を維持できなくなったなど、人びとの暮らし方、生き方にかかわる「ふるさと喪失／剝奪」損害の有無が争点になってきた［関 2019］。除染が原則的に宅地とその周辺の山林、農地に限られていることから、損害賠償以上に、山野を含めた地域全体の除染（原状回復）に訴えの力点を置いた、「ふるさとを返せ　津島原発訴訟」（帰還困難区域に指定された浪江町津島地区）も係争中である［関 2022］（写真 序-4）。

他方で、コラムAに見るように、除染による農地再生の試み自体が、農業再開の意欲を削ぐ行為であったことも忘れてはならない。福島の復興には、農林水産業の復興が必須である。原発事故からの放射能汚染によって条件不利となったにもかかわらず、それぞれの方法で農林水産業の再生という困難に取り組み、展望を見いだしてきた生産者たちは、除染した汚染土の再生利用やトリチウム汚染水の海洋放出方針決定など、追加的な汚染の受忍を強いられようとしている。風土の基盤となる農林水産業を再生するには「風評被害」をなくす必要があると繰り返し強調されてきたが、問題はむしろ、市場評価が下落したまま固定されているところにある。それをどう解決していくかが、問われなくてはならない（第7章）。

第Ⅲ部は、復興事業が進められるなかで、たなざらしの被害と葛藤を生きる人びとや地域の姿を論じる。

第8章は、「ふるさとを失った」人びとが、地域とつながりながら生きる様子を、地場産業である大堀相馬焼を事例に描いていく。大堀相馬焼は浪江町大堀地区（帰還困難区域であったが、特定復興再生拠点区域については二〇二三年三月に避難指示が解除）で、地元の土や釉薬を使ってつくられてきた。

写真 序-4　津島原発訴訟原告団（2023年4月，仙台高裁前）
撮影：筆者

原発事故後、避難を余儀なくされた窯元が、大堀相馬焼の絵付けをし、焼き物を続けながら、「ふるさと」とつながり続けようとする営みが浮かび上がる。

限定的な形でしかつながれない「ふるさと」ではあっても、原発事故前の生活実感につながる社会関係の再構築は、「小さいけれども、確かな」一歩である（コラムB）。

とはいえ、「ふるさと」を追われるように避難した人びとにとっては、帰還も、避難先での「定住」による生活再建も、「常に突然の大災難」である［小泉 2009: 178］。環境災害に伴う移動と定住は、「多くの意味ある活動が行なわれ、十分理解に基づいて生活が行なわれている環境から、人々を追い立て、知識も経験も殆どない、新しい場所へ移住させること」にほかならないからである［小泉

2009: 178]。

東京電力は裁判で、避難先で住宅再建した人びとは前を向いて生活していると主張しているが、住宅再建のみでは修復されない被害があり、行政の生活再建支援があっても抜け落ちてしまう被害がある。住宅を再建しても周囲に遠慮しながら生活せざるをえない状況、避難指示解除で避難元の事業所への移動を迫る無言の帰還圧力、ビザの更新ができずに国外退去を命ぜられた外国籍の経営者の事例から見えるのは、原発事故後も続く被災のなかで声をあげる余力もなく、忘却の時間に埋もれつつある人びとの姿である(第9章)。

いったい、原発事故からの復興とは何であるのか。誰にとっての、何のための復興なのか。福島原発事故の経験や教訓を伝える施設が福島県内各地で開設されているが、運営主体によって、原発事故の展示内容はかなり異なる(コラムC)。当然、復興のビジョンも主体ごとに違ってくるだろう。そこで最後に、福島原発事故からの一〇余年を振り返りながら、復興事業に内在する「ショック・ドクトリン」について指摘し、「復興神話」に抗う地域再生の糸口をつかみたい(第10章)。

註

(1) 避難者数が最大となったのは二〇一二年五月で、一六万四八六五人に及んだ。
(2) 翌一二日に福島第二原発にも原子力緊急事態宣言が発令され(二〇一一年一二月二六日解除)、半径一〇キロメートル圏内まで避難指示区域が拡大した。ただし、四月二一日には八キロメートル圏内に縮小され、避難指示の範囲は福島第一原発の二〇キロメートル圏内に収まった。
(3) 高橋哲哉の言葉でいえば「犠牲のシステム」である[高橋 2012]。

I

福島原発事故の〈加害——被害〉構造

史上最大の公害事件の背景

第1章

福島原発事故がもたらした分断とは何か

藤川 賢

1 はじめに——分断をめぐる福島原発事故の特徴

東日本大震災後に「絆」などの言葉が頻繁に使われたが、それは分断への危機感と反省の裏返しでもあった。震災からひと月あまり後に、小熊英二は「東北と東京の分断くっきり」と題するコラムで次のように書いた。

震災後には、「がんばれニッポン」という言葉が躍った。だが震災が浮き彫りにしたのは、「ニッポン」の一語で形容するにはあまりに分断されている、近代日本の姿である。(「朝日新

聞」二〇一一年四月二八日）

東日本大震災と福島原発事故は、関東大震災や阪神・淡路大震災とは違って、「地方」の生産地の被害として、全国的な課題から切り離されうるという指摘である。「地方」の生産地という位置づけは原子力・放射能の特徴と深くかかわり、放射能への全国的な不安が薄らぐとともに、原発事故問題が「福島」に限定されてしまう(1)。

関連する大きな分断として、原発立地をめぐる賛否と放射能のリスク評価に関する意見対立がある。中西準子が指摘するように、安全を決める明確な境界がない状態でのリスク評価には、多くの関係者による話し合いに基づいて社会的合意を進める必要があるが［中西 2012: 38］、例えば除染の目標値については不一致を取り除くための努力が欠けている［中西 2014: 121］。重要な問いであるにもかかわらず、合意に向けた話し合いができないために対立が際立つ。これは、原発立地をめぐって各地でくりかえされたことでもある。「地方」での論争だったためにその経験は共有されず、曖昧に済まされてきた放射能リスク評価が、福島原発事故後に再び分断として際立つことになった。

福島原発事故の影響を強く受ける人たちは、これらの分断のしわ寄せを受けただけでなく、その主役であるかのようにさえ見られ、かつ、放射能のリスクなどに関して合意を目指す議論が減ったために動きづらくなる。例えば家族内などで放射能への不安感が異なる場合、話し合いで着地点を見つけるより、議論を避けるために世帯を分離するなどの方法が現実的になる。後述のように「分断の幻影」に立ち向かわざるをえない状況も、その後も長く続いている福島原発事故の被害の大きな一面である。

「地方」と「中央」、原発立地への賛否、放射線リスク評価などに関する分断が、福島原発事故を招いた一因でもあり、事故後の被害を拡大し、さらに、再び原子力・放射能にかかわる事故を招く可能性にもつながるとすれば、これらの分断を問い直す意味は大きい。もちろん、それは簡単ではないが、原発事故後一〇年余にわたる被害の経緯と被災地の現状を通して、その糸口を探ってみたい。

2 福島原発事故をめぐる混乱と分断のしわ寄せ

震災から原発事故への転換と両者の違い

東日本大震災において、地震・津波・原発事故は一連の事故として語られることが多いが、現実には大きな違いがある。震災・津波被害に対しては地域で協力して乗り越えようという意識を共有しやすかったのに対して、原発事故に対してはそれが難しいのである。震災後に近くの中学校に避難していて、福島第一原発から約二〇キロメートルの地点で三月一四日の三号機爆発に遭遇した人は、その後まもなく、救助活動に来ていた自衛隊や警察の姿が消えて町じゅうが静まりかえり、避難所に戻ったときの雰囲気も一変していたと言う。

それまでみんなのんびりしていたのが、（戻ったときには）窓を閉めてマスクしていました。それまでののんびりしていた雰囲気が、一四日で一気に変わりました。……あれで、「ひそひそ」になってしまった。地震・津波のことでなく原発（事故の問題）に変わってしまった一瞬だったのかな。それまでは地域の感じだったのが、家族に。もう逃げられる人は逃げるという感じですね、家族で、どうするかという話です。(2)（括弧内は引用者、以下同様）

タイミングや状況は人によって異なるが、家族や個人の単位であわてて避難せざるをえなかった経緯は、避難指示対象区域の多くに共通する。避難が地域を見捨てることであるかのような感覚も生まれ、周囲の評価を気にせざるをえなかったからこそ、家族や個人でひっそりと行動する例も多かった。

原発事故避難は、選択の強要の連続であると同時に、その選択肢の幅が人によって異なることも多く、分離と葛藤を助長した。一緒に避難を開始した家族であっても、避難先の親類の家庭事情やみなし仮設住宅の狭さなどに応じて別行動をとらざるをえなくなる。そのため、一時しのぎの対応も増え、仮住まいの感覚が続いているという人も珍しくない。自然災害と異なり、大規模環境汚染災害は終わりのないドラマだと指摘されるが[Erikson 1994: 148]、被災者は舞台から下りられない役者のように緊張の連続を強いられ、その負担感がさらに葛藤の種になっていく。

緊張を強いるもう一つの要因に外部からの差別があった。指定された避難所でさえスクリーニングなどを求められ、福島ナンバーの車だからとホテルで宿泊を拒否されることもあった。こうしたニュースは、当事者だけでなくそれを伝え聞く福島の人たちにも、外部から分断されているという思いを刻み込んだ。

関連して確認しておきたいのは、「逃げられない」人たちが放置された状況である。例えば南相馬市では、福島第一原発から二〇キロメートル圏内の小高区には「避難指示」が出された一方、二〇～三〇キロメートル圏に相当する市中心部の原町区には「屋内退避指示」が三月一五日に発出されただけで避難指示はなく（四月二二日からは「緊急時避難準備区域」に再編）、また、三〇キロメートル圏外に該当する鹿島区の大半は避難や屋内退避の対象外とされた。物資が市内に入ってこなくなり、市役所は市内全域で避難を呼びかけたが、震災・津波による被災者や病院・施設の入院入所者が多かったことなどもあり、人口七万人強のうち一万人弱がなお市内に残り、市役所も開いていた。福島県からの支援物資も届かず[3]、孤立状態と食料や物資の不足が一か月ほど続いた［今井・自治体政策研究所編 2016 など］。

◆放射線リスク評価をめぐる分断が生んだ混乱

震災と異なる原発事故災害の特徴の一つに「じわり型」避難がある。事故からまもない時期の「どかん型」避難とは異なり、二週間以上経ってから避難した人たちが一定数存在するのである［関 2018］。なかには事故後の緊急避難から一度帰宅したものの、再び県外避難した人も含まれる。

なぜ、一度は住み続けようとした地域から避難せざるをえなかったのか。それは残留する放射線との付き合い方をめぐる意見の相違にかかわる。同じ地域に住み続ける人たちの間でも、線量をまったく気にしない人から、注意を徹底して生活しようと考える人までリスクへの感覚は幅広い。だが、放射線量への不安がシビアな課題になればなるほど、学校などの集団で統一的な対応策を話し合うことは難しく、そのストレスも大きかった［成編 2015］。少しでも被ばく線量を減らしたいのに、その対策がとれない学校に不安を感じた親は多い。

学校が線量対策をあまりとらなかった背景に、文科省が二〇一一年四月一九日に公表した屋外活動制限基準がある。これは、年間積算被ばく線量二〇ミリシーベルト（五年間最大一〇〇ミリシーベルト）以下なら大丈夫という計算に基づいて、毎時三・八マイクロシーベルトを超えなければ学校などの屋外活動には制限が要らないというものだった。その基準については強い批判もあったが、話し合いより断行が優先された。三日後の四月二二日に政府は計画的避難区域を指定するが、その基準にもこれと同じ数字が用いられている。結果として、ほぼ同じ空間線量で、居住できない地域と子どもが屋外で自由に遊べる地域とがつくられているのである(4)。似たように、同年六月に指定された「特定避難勧奨地点」は同じ地域内でも世帯ごとに避難指示を分けるもので、指示による分断を切実に示すものになった(5)。

このように線量に敏感にならざるをえないところで指示区分に基づく「安全」の説得が行われる一方、それよりはるかに線量の低いところでは多数者の不安を重視した決定もみられた。一例として、食品に含まれる放射線について二〇一一年に一キログラム中五〇〇ベクレル以下の暫定基準値がつくられたが、批判を受けて翌春には一〇〇ベクレルに下げられた。このときには、食品からの摂取が最大でも年間一ミリシーベルトを超えないことをもとに計算されている。空間線量と食品という違いや、福島の農産物の安全性確認といった事情もあり、個別の決定における根拠は、それぞれ理解可能である。だが、決定の方向性が地域や事例によって異なる結果、低線量リスクに関する二重基準が生まれる。双葉町・大熊町の中間貯蔵施設で保管されている除去土壌（放射性物質の除染事業によって発生した土壌）は、貯蔵開始から三〇年以内に県外で安全に最終処分されることになっているが、二〇二三年七月時点では候補地の見通しさえついていない。環境省は、除染土壌のうち放射能濃度が一キログラムあたり八〇〇〇ベクレル以下の土壌については再生利用する方針で、二〇二二年に東京都の新宿御苑など三か所を候補地として福島県外での実証試験の計画を公表した。これらは全国的な理解を醸成する目的の方が強く、ごく少量にすぎないのに対して、飯舘村長泥地区では二〇一八年から農地への利用を含めた本格的な再生利用実証事業が行われている。帰還困難区域の特定復興再生拠点における農の再開がこうした実証事業と結びつくことも二重基準と深くかかわる。

●リスク論争がもたらした分断の影響

放射線リスク評価をめぐる論争は、先述のとおり事故前から続く経緯もあり、また、福島原発事故が原子力政策の根幹にかかわる衝撃を持っていたこともあって、激しい対立を含むものになった。そして対立を残したまま、論争としては次第に沈静化していく。その一例として二〇一四年五月の「『美味しんぼ』論争」がある。放射能の影響と福島の危険性を強調する漫画が物議を招いたもので、福島県知事などから、一方的な主張を批判する声が相次いだ。それについて読売新聞の社説は、「風評助長する非科学的な描写」と題して、「一方的な見解を拡散させることで、福島県民の不安を増幅させていいのだろうか」と漫画作者を批判する(「読売新聞」二〇一四年五月一三日)。他方、原発に批判的な姿勢を示す毎日新聞は、漫画の主張の問題性を認めたうえで、「しかし、これに便乗して、原子力発電や放射線被害についての言論まで封じようとする動きが起きかねないことを危惧する」という見解を示した(「毎日新聞」二〇一四年五月一五日)。両紙の主張はどちらも首肯すべきものを持っているが、かみ合わないまま議論は消えていった。残された課題は、かかわりの深い人、迷う人の心の底に沈んだままである。

このように原発事故は、被災者に多くの負担を押しつけたまま、その外側で「風化」が進んだため、多くの人が納得のいかない暫定的決断をくりかえすことにもなった。自主避難を継続中のある方は、最初の一年にたくさんの情報が押し寄せたが、そのときに考えたことが基本的に変わらないまま、一〇年を経ても宙づりの状況が続いていると言う。

状況がまったく進んでないというか、時が止まってるというか。子どもたちが成長して、自分も歳(とし)をとってるんですけど、原発自体の燃料のことがまだ手つかず。手つかずではないんでしょうけど、実際に燃料取り出しまで至ってないっていうこととか、汚染水の問題とか、もうこのまま、三〇年、四〇年、このままなのかなって思ったり。何も進まずに、放置されるのかな、とか。(6)

原子力と放射能をめぐる社会的議論の停滞は、被災した人たちに不透明な未来を残したまま、長期的な生活再建・地域再建を強いることになる。

3 生活と地域の再建をめぐる課題

分断の幻影をめぐる葛藤

赤坂憲雄は「分断と孤立を越えて」と題した論考の中で、「福島は今、見えない無数の分断のラインによってひき裂かれ、孤立と不信に喘(あえ)いでいる」と書いた。これは、県内外の多くの人が集い、いかなる言葉にも耳を傾け合おうという趣旨で二〇一一年一一月に開催された「ふくしま会議2011」を紹介する中での一文であり、論考の中では「分断のラインは幻影にすぎない」「責任を問うべき相手は、別のところにいる」と強調される(「福島民報」二〇一一年一一月二〇日)。

この言葉のとおり、分断は幻影であり、責任を問うべき相手は自分たちではないが、孤立したまま葛藤が内側に向かわざるをえなくなるのである。終わりの見えない事故処理、残留放射線、「風評」などが残るにもかかわらず、それらの責任の所在が不明なため、不安を吐露すると、「復興に水を差す」「帰還した人の努力を妨げる」といった批判を受ける心配がある。発言の抑制は、話し合えず、共有しづらいからこそ継続する。二〇二〇年九月に福島県の「東日本大震災・原子力災害伝承館」が双葉町に開館した際にも、館内の語り部には「特定の団体を批判しない」ように求められた(コラムC参照)。

「復興」が原発事故問題の終わりとして強調された経緯でも、似たような形で新たな分離や葛藤があった。例えば母子避難を続けてきた人たちには、住宅支援がなくなる際に選択を迫られた例も多い。

> 夫は生活のことを考えると、これ以上、二重生活をするのは難しいので、帰ってくるしかないとずっと言われています。でも、どうしても私も子どもも帰りたくないのが本音です。帰りたくないけど、帰らないと生活が成り立たない。［髙橋ほか 2018: 274］

転居、帰還、離婚など、選択はそれぞれだが、いずれにしても何かを失う結果になりやすい。もちろん、決断から新たな道がひらける可能性もあるが、それで苦悩や悲しみが帳消しになるわけではないだろう［髙橋編 2022］。

写真1-1　「帰還困難区域」のバリケード（2017年9月，富岡町）．道を挟んで向かい側は「居住制限区域」であった
撮影：筆者

避難指示区域（**写真1-1**）の解除にあたっても同様に、事故前は多世代同居で避難中も子ども世帯の近くに暮

らしていたが、帰還にあたって親夫婦だけの生活になった世帯は多い。長男・長女、嫁といった立場で板挟みになる例もあり、残留放射線などによる影響と不安の度合いに個人差があるため、精神的なストレスを抱えながらの同居より、物理的に離れた生活の方がよいという判断も見られた。

◆被災自治体の変容

選択をめぐる葛藤は当然ながら地域社会にも影響する。それについて**表1-1**は、二〇一〇年と二〇二〇年の国勢調査から被災一二市町村の居住人口等を比べたものである。なお、田村市では都路(みやこじ)地区、川俣(かわまた)町では山木屋(やまきや)地区、南相馬市では小高(おだか)区などだけが強制避難の対象になったが、表は市町の全体を示している。

一〇年間の人口減少率は原発事故による影響の差を反映している。例えば、広野(ひろの)町(まち)は全域が福島第一原発から二〇～三〇キロメートル

2010年			10年間の人口減少率
人口(人)	総世帯数(戸)	世帯あたり人数	
40,422	11,933	3.39	12.9
1,531	470	3.26	72.5
6,209	1,734	3.58	78.8
15,569	5,179	3.01	21.7
2,820	950	2.97	27.4
70,878	23,640	3.00	16.7
20,905	7,176	2.91	90.9
5,418	1,810	2.99	0.2
7,700	2,576	2.99	51.9
16,001	6,141	2.61	86.7
11,515	3,955	2.91	92.6
6,932	2393	2.90	−

表 1-1　被災自治体における居住人口の変化（2010年と2020年）

	2020年（速報値）					
	総数（人）	男（人）	女（人）	人口性比	総世帯数（戸）	世帯あたり人数
田村市	35,192	17,329	17,863	97	12,131	2.90
葛尾村	421	241	180	134	205	2.05
飯舘村	1,319	664	655	101	626	2.11
川俣町	12,186	5,994	6,192	97	4,777	2.55
川内村	2,046	1,028	1,018	101	929	2.20
南相馬市	59,053	31,021	28,032	111	26,342	2.24
浪江町	1,896	1,346	550	245	1,405	1.35
広野町	5,408	3,304	2,104	157	2,895	1.87
楢葉町	3,700	2,138	1,562	137	1,964	1.88
富岡町	2,130	1,543	587	263	1,633	1.30
大熊町	847	756	91	831	808	1.05
双葉町	–	–	–	–	–	–

注：人口性比は，女性100人に対する男性人口.
出所：国勢調査（2010年，2020年）をもとに筆者作成.

圏内に位置し、町の判断で全町避難したものの、比較的線量が低かったこともあって翌年三月には役場機能を元の庁舎に戻した。そのため、他自治体からの避難者の転入もあり、除染・原発事故処理などの拠点にもなって早くから人口回復がみられた。それに対して、原発立地点だった双葉町では二〇二二年三月にようやく準備宿泊が始まるまで一〇年以上、無居住が続いた。

二〇二〇年の国勢調査実施時点が人口回復過程のどの段階に位置するかは自治体ごとにかなり違うのだが、今後を考えるうえで気になる共通の傾向として、ここでは二点を確認しておきたい。一つは人口性比で、男性多数に偏っている。原発作業関係の転入者に加えて、旧居住者の帰還に関しても、仕事や自宅・農地等の管理のための単身赴任・二地点居住者も、男性が多い。関連してもう一つは世帯人員数の大幅な減少である。単身赴任・作業関係者の割合が高く、また、先述のように、事故前には当たり前に見られた多世代同居が避難指示解除後は数少ないものになった。この二つの傾向は、人口回復が早い広野町にも共通している。

性比と世帯人員が重要なのは、それが地域の持続可能性と不可分だからである。ある自治体関係者は事故前の地域をふりかえって次のように語る。

女性の力ってすごいなと思ってるんです。原発の立地が決まった一九七〇年代の話をすれば、建築に携わる方がこちらに来たり、また、運転される方々がこちらに来たときに、地元の方々と結婚して子どもが生まれ、そこで家建てよう、というようなことがありました。……そこにいる方々との関係がなければ定着はしないんだろうなって思ってるんですね。で、男性2、女性1ってなれば、相手がいないと定着しようもないなと、女性に優しい町っていう、やっぱり優しい町はそういう所だと……。(7)

例えば、この町では女性用の衣服を売る店舗がない。それは女性人口が少ない結果でもあり、原因の一つでもある。さらにいえば、双葉郡には事故以前は県立高校五校と特別支援学校一校があったが、二〇二三年時点ではまだ、統合新設された中高一貫のふたば未来学園（広野町、高校開校二〇一五年、中学開校二〇一九年)しかない(高校五校は県内各地でのサテライト校を経て二〇一七年から休校、特別支援学校はいわき市に移転している)。全体的な人口はかなり回復した川内村(かわうちむら)で中学生の数はあまり戻らない理由の一つに、自宅から通える高校が事実上なくなってしまったことがある。学校数と生徒数との間で需給バランスが重要なことはいうまでもないが、「子どもが増えるのを待つ」姿勢だけで優しい町を目指せるのかは疑問である。こうした循環的な課題は、いつの間にか地域の課題、個人の選択、自己責任にされているように見える。

◆多様な可能性を回復するために

原発事故以来の変容は、地域再建・生活再建を目指す個人にとっても選択肢を狭めてきた。放射能の影響、避難指示の有無や長さ、地域・家族・職場の状況などによって差はあるが、取り戻したい希望と現実とが離れていく状況は随所に見られる。詳述の余裕はないので、二〇一七年に避難指示が解除されたO地域での農業再開の例を示そう。

事故前のO地域では、一ヘクタール前後の田畑を持つ兼業農家が多く、稲作のほかに自家用の野菜などをつくっていた。農業は生計の足しというより、先祖から受け継いだ土地や地域活動を守る意味が大きかった。もちろんのこと、地域を離れて進学・就職する人、居住していても田畑を他の農業者に完全に委託する人もいる一方、地元に残る人、戻ってくる人、稲作を拡大する人もいて、その協力とバランスによって少子高齢化に歯止めがかかり、人口の維持も比較的うまくいっていたのである。

避難指示解除後に帰還したのもこうした兼業農家の人が中心だが、人口減少と高齢化は著しい。そこで、戻らない世帯の所有農地もあわせて管理・耕作できるよう、数人で農業法人を立ち上げた。作物はコメとタマネギ、いずれも業務用販売が中心である。機械化に対応しやすく少人数で管理可能、獣害が少ない、「風評」などの影響を受けにくい、販売に必要な収穫量を確保できる、などの理由である。地域維持のためにも、補助金などとの関係でも、耕作面積が重要だった。機械化に不適な農地はあきらめ、除染・土地改良・地力回復・線量検査を順次並行させながら少しずつ耕作面積を増やしているが、計画が軌道に乗るにはまだ数年を要するという（二〇二一年末時点）。行政などからの支援もあるものの、経済的にも体力的にもぎりぎりのなか、次世代への継承と自分たちの活力低下の関係は時間との闘いを含みつつある。中心メンバーのお一人は次のように語る。

> 昨日、うちの息子が家に寄ったんです。おやじ、なんでそんなに一生懸命（農業の回復を）やんなきゃならないんだ、やる必要ないでしょう、俺は帰らないんだから、と（言った）。息子も会社勤めですけれども、おやじがやってるから定年退職になったら後継いで農業やるかなと思ってた。それが原発事故でやらなくて済んだ（ということになってしまう）[8]。

この言葉のとおり、単純な利害からいえば、やる意味は薄い。だが、誰かがやらなければ農地は荒れ、ますます住めなくなっていく。人がいなければ商工業の回復も難しい。そこで、数少ない地域の人手を集めつつ苦闘しているのが現状である。まずは法人の経営を安定させて、経営が成り立つところで次世代に継承することが目標で、多様な農業や生活が可能になるにはさらに時間がかかる。その余力の維持も厳しく、支えが求められている。

4 失われた世界と新たな関係

◆「境界」に暮らすということ

環境災害によるトラウマは被災者を社会や歴史から切り離してしまうという［Erikson 1994: 231-232］。この指摘は、福島原発事故においても当てはまり、多くの被災者が外の世界から切り離されているという思いを突きつけられる。避難者は「まだ福島に帰らないの?」という声を聞き、あるいは子どもの独立と同時に自分が一人になることを考えては「宙づり」［松井 2017, 2021］の自分を再確認する。被災地域では、事故原発に貯まった処理水問題、除染土壌の再生利用、あるいはメガソーラーパネルや風評の話題など大小さまざまな折に触れ

写真1-2 除染作業で発生し，農地に積み上げられた汚染土壌（2015年7月，飯舘村）
撮影：新泉社編集部

て、原発事故問題が継続していることを思い知らされる。避難指示解除後に帰宅したある人は、自宅前に広がる除染土壌の仮置き場（現在は撤去中）についてこう語る。

（近隣のお宅は）娘さんが結婚して子どもが生まれていたんですけど、この仮置き場を見て、私はここに住めないということで宮城県に行っちゃったという。（仮置き場の風景を）私は毎日見ているんです。ここが私の家（うち）なんで。(9)

次にまた異変が生じるかもしれない、見通しの悪い「境界」に置かれた感覚は、次の行動への意欲も奪う。この地域では戻った世帯が多いのだが、行政活動や農業の再開はあまり進んでいない。老人会などはメンバーが揃っていても、若い世代がいないので行事も話題も減り、張り合いも薄れるという。

こうした「境界」の感覚は、次第に回復する面もあるが、逆に伝播していく例もある。南相馬市の旧緊急時避難準備区域に住み続け、近隣には転出した人もいるが転入してくる避難世帯も増えたという人は、地域がつまらないものになってしまったと言う。本書第4章でも触れられるように、避難指示区域からの転入者には厳しい目が注がれることもあった。こうした話に警戒しているのか、引っ越してきても自治会などに加入しない人、名前も告げない人がいて、中には挨拶しても無視する人さえいる。多様な転入者が増えたことで、自治会の班内でもその対応や地域活動への意見の相違が広がって、事故前には仲良くいろいろなことを一緒にしていた近隣だったのに、コミュニティとしての楽しみが失われたというのである。

　このように当たり前だったものの喪失、そして望ましくない事態がいつ生じるかわからない不安は、居住地域や避難経験の有無などにかかわらず、今も多くの人に残る。選択の強要のくりかえしにおいて、その選択肢が狭められたり、条件が急に変わったりするかもしれないという不安定感が続くのである。

❁復興事業をめぐる課題

　期待とは異なる変化の連続が不安定感をもたらした経緯には、復興政策にかかわる面もある。「人間なき復興」[山下ほか 2013]、「不均等な復興」[除本・渡辺編 2015]などと表現されてきたように、復興事業は建設工事などに偏りがちで、どのような地域づくりをしていくのかという話し合いが、地元ではあまりできなかった。被災自治体にとっても、退職などによって地域に詳しい行政職員は減り、補助事業や帰還準備など業務は増え、その期限に間に合わせた計画づくりをしなければならないのに、多くの住民が離れているため地

写真1-3　旧警戒区域と旧緊急時避難準備区域との境界付近.
住民が2014年に建立した「鎮魂・感謝・闘魂の碑」
(2020年1月, 南相馬市)
撮影:筆者

元合意を問うこともままならない状況だった。未曾有の事態に見通しを立てることさえ難しいなか、地域の意向とは関係なく無機質で画一的な事業が各所で進んできた。

富岡町（とみおかまち）や浪江町（なみえまち）など長期避難が続いた町の市街地では、避難指示解除後、みるみるうちに町並みの解体が進んだ（写真1-4・1-5）。帰還者数が比較的多い農村部でさえ、道路の拡幅、工業団地の造成、ソーラーパネルの設置などによって山林や農地が削られ、各地で景観や交通安全などの課題が生じた。

写真1-4・1-5
避難指示解除後に進んだ家屋解体（2017年，富岡町）．
解除後，富岡町などでは環境省事業による
家屋解体が一気に進んだ
撮影：筆者

避難元に帰りたいという声は、事故以前と同様の生活を取り戻したいという希望だったはずだが、居住可能・産業活動可能になれば「帰れる」と言わんばかりの対応がくりかえされてきた。その結果として地域の変容を目の当たりにし、帰還をあきらめていく人たちも少なくない。そして、そのしわ寄せは再び、地域とそこに住む（帰る）人たちにもたらされる。帰還者数が少ない地域に帰った方は、切実な状況を次のように語る。

私にとって、避難指示解除っていうのは現実との向き合いでしかない。今までに、いろんな問題が予想されて、ああした方がいいよと提案をしてきたんですが、ほとんどそれが実現できなくて、そして避難指示解除に至ってると。そうすると自分の考えたいろんな課題が今度は自分の身に降りかかってくる番ですから。(10)

長い時間をかけて培ってきた社会の基盤がほとんどなくなり、過去から未来への連続性が断ち切られた現実を前にした言葉である。ここまで述べてきたように、農業の再開にもめどが立たず、これからも多くの課題が予想される。復興事業の必要性や成果を全否定するものではないが、「復興」の過程にも避難と生活再建をめぐる被害の拡大が存在することを確認する意味は大きいだろう。それは、被災者・被災地がこれからどのような未来を目指すか、それについて周囲がどのようにかかわっていけるかを見直す出発点にもなる。

❁将来的なつながりの回復可能性

復興事業は、帰還する人たちに生活基盤や雇用の場などを提供するとともに、新たな人口を呼び込む目的も大きい。各自治体は、転入人口を増やすための補助政策を工夫している。とくに定住化への工夫はこれからの大きな課題である。そのなかで、農業は地域の持続性に関して期待される産業だが、前述のO地域で農業再開に取り組む人は粗放型の新規就農の将来を懸念する。小麦などは播種や収穫の時期だけ他地域から通う形でも栽培できるが、手がかからない代わりに収益性が低く、長期的に維持できるのか疑問だと言う。

三年とか四年とか経って、補助金がもうないですよ、となったときにその人たちが残ってくれるかどうか、ですよ。（撤退したら）別の人が入ってきて何かやるかとなったら、今度は補助金の対象にならないですから。そうなったら農地は荒れますよ。農地を荒らさない、自然を荒らさないということは、そこに住んで、昔からつくってきたものをつくる、耕作するということが自然環境を守る一番の手ですから。(11)

他方では、見てきたように事故以前の農業をすぐに取り戻すことも難しい。新たな動きと以前からの連続性とをどうつなぎ合わせるのかは、これからの課題であり、多くの人が迷い続けている［藤川・石井編 2021］。事故から時間が経ってもゼロからのスタートにはならないことについて、山川充夫は次のように述べる。

原発災害による被害の特性は、その累積性にある。その累積性は、被災から避難生活へ、避難生活から仮設生活へ、仮設生活から復興公営住宅生活や、公営住宅生活から復興再生拠点生活へ、という各段階において生活問題が生ずるだけでなく、その基底の放射能問題が解決していないので、各段階における矛盾が積み重なって、それを解きほぐすことが困難になっている。〔山川・初澤編 2021: 4–5〕

新しい政策だけでは、この累積への解決にならない。原発事故からの時間の経過、あるいは帰還や復興事業の進展をもって、この困難を当事者の責任であるかのようにみなすことは、分断の強化につながる。将来にどのようなつながりを求めるのか、問いの共有をはかることこそ、求められていくのではないだろうか。

5 むすび——分断をいかに問い直すか

福島原発事故は、発生直後には多くの人が自分にもかかわる問題として恐れたが、年月とともに「他者化」されてきた。冒頭で引用した小熊英二の言葉は、事故から一〇年以上を経た今日において切実さを増しているともいえる。

事故後の被害や不安を抱え続ける人たちは、それを自由に発言することも難しく、時には話しても理解されないという思いによって孤立を深めてきた。長期的な影響を残す環境問題について周縁部にいる人たちがどう動くかは、「公害に第三者はない」〔宇井 1971, 2014〕といわれた四大公害訴訟の時代から問われ続けてきたことだが、今日でも答えられていない[(12)]。

帰還を希望した人たちの多くは事故以前のコミュニティを求めていたにもかかわらず、復興事業はしばしばその破壊を伴い、営農再開などの支援策も個別化・機械化・効率化などを重視するものだった。失われようとする生活、農、文化などを取り戻すために尽力する人たちはマスコミ報道などで称揚されるが、被害賠償などの文脈では「無形の価値」はくりかえし否定、軽視されている。「被災者にとっての復興」のためには被災者の「尊厳」を取り戻さなくてはならず、そのためには「承認」の場である社会関係をとらえ返す必要があると指摘されるが〔松井 2017: 267〕、こうした問いの順序や、問いに取り組む責任についての議論はなかなか進まないままである。

他方、制約のなかで新しい動きを始めている人たちもいる。本書全体を通しても示されるようにその方向性は多様であるが、事故以前から引き継いだもの、今できることと将来への希望とを結ぼうとする長期的な試みも多い。現状は厳しくても長期的な視野に立つことで新たな可能性を見いだせるし、魅力を感じてかかわる人が増えれば持続可能な活動になる。これは、少子高齢化や地域格差などに深刻な課題を抱える日本の全体にとっても貴重なモデルになりえる。

これらの活動を支えるものの一つに他者との関係がある。自分の所有地以外の土地・地域、先祖以来の伝統や子孫への継承、文化や芸能活動などへの思いは、葛藤の種でもあるが、新たな活動への原動力にもなりえる。

みてきたように、福島原発事故後の経過は「絆」の強調とは裏腹に、地域におけるつながりの価値を軽視し短期的な利害の感覚を押しつけようとする一面を持ってきた。「分断の幻影」などの指摘も、これに関するものといえる。だとすれば、「分断」を問い直し、分断の連鎖を防ぐ責任は社会全体が引き受けるべきものではないか。その一歩として、各地で地域再建・生活再建に取り組む人たちについて、成否だけを問うのではなく、葛藤や希望などを含めて理解していく必要は大きいだろう。

註

(1) いうまでもなく、福島原発事故の被災地域を区分することはできない。本稿では、行政区分や避難指示などにかかわらず、福島原発事故の影響を強く受けた地域を指して「福島」と表記する。同じく「中央」も東京を指すものではなく、「地方」の対語として用いている。

(2) 二〇一九年一一月二三日のヒアリングによる。

(3) 大熊町にあった双葉病院をめぐる過酷な状況は知られるが、福島第一原発から二〇〜三〇キロメートル圏内の「屋内退避指示」地域にあった高齢者介護施設では医薬品や介護用品、食品の供給が途絶え、職員も半減し、転院先も移動手段もなく、入所者がなんとか避難・転院できたのは三月二三日だったという。その他、入院していた父の転院先がひと月わからなかったなど、強制避難をめぐるつらい話は多い。深刻で個人差の大きい経験だからこそ、思い出したくない、話せない、聞けない関係性が、帰還後に再会した家族や地域に今も残る。

(4) 全村避難することになる飯舘村の二〇一一年四月一九日時点の放射線量測定値は、毎時三・二九〜四・七二マイクロシーベルトである。他方、屋外活動制限の対象となった一三校・園は、福島、郡山、伊達の三市に位置し、校舎外一メートルの高さの環境放射線量再調査結果は三・八〜五・二マイクロシーベルトとなっている(「福島民報」二〇一一年四月二〇日)。ヨウ素とセシウムの違いなどによって低減のスピードは異なるものの、こうした食い違いは随所に見られた。

(5) 福島民報では、それまでも南相馬市などでの避難指示区分を「分断」と記述していたが、避難勧奨地点に関して「地域の分断懸念」という言葉でコミュニティ崩壊への住民の不安を伝えている(「福島民報」二〇一一年七月一日)。指示区分が損害賠償金額に連動することによる心理的分断の課題も同年後半から浮かび上がる。避難勧奨地点に関する地域の課題については、黒川[2017]なども参照。

(6) 二〇二一年一月九日のヒアリングによる。

(7) 二〇二一年一〇月二二日のヒアリングによる。

(8) 二〇二一年三月一二日のヒアリングによる。

(9) 二〇一九年五月一二日のヒアリングによる。

(10) 二〇一七年七月一日のヒアリングによる。

(11) 二〇二一年一二月四日のヒアリングによる。

(12) 公害被害者は三度殺される、といわれる[石井 2018: 23]。責任を認めようとしない汚染原因の企業、被害を認めようとしない行政、そして、問題を見ようとしない世間によって、被害者の訴えが抑圧されることを指す。薬害、産廃問題などと公害との連続性を示す含意もあり、原発事故もこれに連なると考えられる。

第2章

原発城下町の形成と福島原発事故の構造的背景

長谷川公一

1 沿岸部の過疎地域が原発城下町化する構造

なぜ、ある地域が原子力発電所の立地点となるのか。なぜ、一基目の原発を受け入れた地域が、二基目、三基目を受け入れ、沿岸部の過疎地域が原発城下町となってしまうのか。その過程には「過疎地立地型」というほぼ共通の構造がある。東京電力福島第一、第二原子力発電所はその典型例でもある。

福島県沿岸部をはじめとして、日本の原子力発電所立地点のほとんどが過疎地立地型である。過疎地立地型的な性格が比較的乏しい既存の原発は、県都水戸市に近い茨城県東海村に立地する東海第二原発ぐらいだろう。

立地候補地点で、建設を最終的に拒否し、電力会社に立地を断念させた地域に新潟県巻町（現・新潟市西蒲区）がある。巻町が原発立地を断念せしめた要因は複合的だが、基本的な要因は、同地区が人口五〇万人（二〇〇〇年四月時点）の県都新潟市に隣接した地域であり、新潟大学も近くに位置し、過疎地立地型でなかったからである［長谷川 2003］。

なぜ、重大事故が生じるリスクのある原子力発電所をわざわざ受け入れるのか。第一に、交通などが不便で、農業や水産業を除くと産業基盤が乏しいために、他の大型開発プロジェクトが来る可能性が乏しいからである。第二に、多くの場合、高度経済成長の過程で、また高速交通網の拡大によって、県庁所在地など県の中心部と立地点との地域間格差が拡大してきたからである。

原発の立地点には、地盤の堅牢さ、人口密度の低さ、港の存在、火山が近くにないことなどが望ましいが、表向きには語られない社会的条件がある。県中心部との地域間格差の存在である。

明治期以降、陸上交通の発展に伴って内陸部の都市が発達してきた。東北地方では、新全国総合開発計画（一九六九年）に基づいて、とくに一九七〇年代以降、いずれも基本的には内陸部で高速道路、新幹線、空港の整備が進んだ。いわき市、仙台市、八戸市、青森市などを除くと、沿岸部の市町村は衰退傾向にあった。東海道新幹線沿線、山陽新幹線沿線、九州新幹線沿線とは異なる、東北新幹線沿線の際立った特色である。

県当局にとっては、県土の「発展」にとって「お荷物」的な地域だからこそ、取り残された「貧しい」地域だからこそ、原発の立地がありがたい。首都圏と地方との間の格差に加えて、県内での地域間格差が存在し、拡大してきたからこそ、電源三法交付金などの補助金が効果的に機能する。

首都圏や大都市圏が電力消費の恩恵を享受し、補助金と引き換えに過疎地域をいわば踏み台に、そこに重大事故や放射能汚染のリスクを押しつけるのは、どこの国でもほぼ共通の構造である。

原発は、港や高圧送電線網などの付帯施設を伴う巨大な装置であるがゆえに、基本的には「規模の利益」を前提としている。一基だけでは発電単価が高くつく。二基、三基で付帯設備を共有することによって、発電単価も低減されうる。当初から複数基の建設を前提に立地点は選ばれてきた。

日本では最大一三か月間の連続運転ののちに、定期点検が義務づけられている。仮に三基の原子炉があり、平均して四~五か月程度の定期点検を行うとすれば、同一の原子力発電所内でほぼ常時、定期点検が行われることになり、事業者側にとっては合理的である。

一基目については警戒し反対した地域社会も、二基目、三基目になると抵抗が薄れてくる。それとともに電源三法交付金、固定資産税、増設分の建設工事、定期点検に伴う雇用効果などの経済的誘因の魅力が増す。一基目を受け入れると、二基目、三基目を地域社会が待望せざるをえないような構造になっている。

2 福島第一、第二原発建設の経緯と反対運動の困難

◆県主導型の立地プロセス

福島第一原発、第二原発について、具体的に見てみよう［福島民報社編集局 2013; 中嶋 2014］。

福島県は水力発電所が多かった。東洋一の規模を誇った猪苗代第一発電所（一九一四年送電開始）をはじめとして、戦前から首都圏への一大電力供給県だった。猪苗代第一発電所の電力は東京電力株式会社の主要な前身である東京電灯株式会社に送られていた。水力発電を通じた大都市圏との送電上の歴史的なつながりの深さは、全国の原発立地県の中でも福島県に特徴的なことである。

福島県庁は一九五〇年代後半から独自に原発立地に関心を持ち始め、一九六〇年に原発立地調査を開始し、大熊町と双葉町にまたがる福島第一原発が立地される場所などを調査した。福島県沿岸部は阿武隈山地があり、平野が少なく、海岸線が単調で、岩盤があり、人口も少ないことから、原発立地適地として有力視され、当時の東京電力常務でのちに社長となる木川田一隆が福島県伊達市出身であることも手伝って、東京電力が関心を持つに至った。

第一原発が立地したのは戦中の磐城飛行場跡地であり、戦後は民間に払い下げられて塩田となっていた。一九六四年から用地買収交渉が始まり、翌六五年一〇月に立地が決定した。原子力発電は、産業基盤に恵まれないこの地方にとって、石炭に代わる産業として期待が寄せられた。福島県浜通り地域の南部には炭鉱が多かったが、一九六〇年代半ばには石炭産業はすでに斜陽化しつつあった。

三五メートルの台地を掘削し、敷地高海抜一〇メートルの場所に第一原発一号機が建設された。海抜一〇メートルまで掘り下げたのは、荷下ろしなどに好都合だからである。一九六〇年代当時は津波に関する知見が乏しかったこともあり、福島第一原発では津波への警戒心が乏しく、建設当時の想定津波高は三・一メートルだった（津波常襲地帯に建設された東北電力女川原発の敷地高は、社内での論争の結果、一四・八メートルとなった)。

福島第一原発一号機(出力四六万キロワット、一九六七年九月着工、一九七一年三月営業運転開始、沸騰水型炉)は、関西電力の美浜一号機(出力三四万キロワット、一九六七年八月着工、一九七〇年一一月営業運転開始、加圧水型炉)に次ぐ、「九電力」と呼ばれる大手の民営電力会社の所有としては日本で二番目の商業用原子炉だった。日本初の商業用原子炉は、九電力会社が出資する日本原子力発電株式会社(以下、日本原電)が運転する、茨城県東海村に建設された東海発電所だったが、これは出力一六・六万キロワットと小さかったし、黒鉛減速炉という英国製の特殊な炉型だった。日本原電は、続いて福井県で日本初の沸騰水型炉、敦賀第一原発一号機(出力三五・七万キロワット、一九六六年四月着工、一九七〇年三月営業運転開始)の運転を開始した。

福島県議会でも原発誘致に反対する声はなく、「第一原発の買収交渉は、大きな反対運動がなかったという[福島民報社編集局 2013: 174]。漁業権補償交渉も比較的容易に妥結した。その要因は、福島県当局主導で誘致が進み、町当局にとっても、原発立地が地域開発の契機になるという期待が大きく、住民側にも発電所が雇用の場になるという期待が大きかったことにある。実際、周辺の市町村から冬場などの出稼ぎがなくなり、「ほとんどの家から第一原発に働きに出るようになった」という[朝日新聞いわき支局編 1980]。

一号機の着工に続いて、二号機(出力七八万キロワット、一九六九年五月着工、一九七四年七月営業運転開始)、三号機(出力七八万キロワット、一九七〇年一〇月着工、一九七六年三月営業運転開始)、四号機(出力七八万キロワット、一九七二年九月着工、一九七八年一〇月営業運転開始)、五号機(出力七八万キロワット、一九七一年一二月着工、一九七八年四月営業運転開始)、六号機(出力一一〇万キロワット、一九七三年五月着工、一九七九年一〇月営業運転開始)と、いずれも順当に五、六年の建設工事ののちに運転開始が続いた。福島第一原発全体の総出力は四六九万キロワット。世界有数の規模の原子力発電所となった。

それに対して、一九七〇年度から始まった福島第二原発の用地買収交渉は一年後には完了したが、地権者による反対運動とともに、高校教員や労働組合を巻き込んで、日本科学者会議を中心とする住民運動、市民運動的な性格を帯びた原発反対運動が展開された。楢葉町在住の元高校教員で住職の故早川篤雄(一九三九—二〇二二)のように、一九七〇年代初頭から福島原発事故後に至るまで、脱原発運動を続けてきたリーダーも存在する。早川ら浜通りの住民四〇四人は、一九七五年一月、福島第二原発一号炉の設置許可の取り消しを求める行政訴訟を提起した(一九九二年一〇月、最高裁で敗訴確定)。当時は全国的に公害問題が社会問題化し、新産業都市のいわき市でも公害が深刻化していた。しかし原発城下町化した立地町で、原発反対運動を続けていくことには大きな困難もあった。

❁岩本忠夫元双葉町長の軌跡と増設計画

福島原発事故直後、二〇一一年七月に八二歳で亡くなった岩本忠夫元双葉町長(一九二八—二〇一一)の軌跡は、原発立地町で、原発反対運動を続けていくことの困難さを象徴している。

岩本忠夫は社会党籍を持つ元町議で、双葉地方原発反対同盟会長として、第二原発建設反対運動の旗頭だった。一九七一年四月、第一原発一号機が運転開始した直後の県議選で初当選した。

岩本は一九七四年五月に、田中角栄首相が主導して国会に上程された電源三法案に対し、参考人として意見陳述し、「金を与えて原発を促進する」ものだと批判した。

しかし岩本は、一九七五年、七九年、八三年の県議選で落選。これを機に、反対運動の限界を感じ、原発反対運動からも社会党の運動からも離脱した。一九八五年に双葉町長に当選すると、一転して原発推進姿勢に転じ、一基の出力が一三八万キロワットと大型の第一原発七号機、八号機の増設を目指すようになった（二〇〇五年まで四期二〇年間在任）。一九九一年、双葉町議会は、七、八号機の増設決議を可決している。電源三法交付金などを原資にした多額の公共事業が、膨張した自治体財政を圧迫していたからである。原発立地町は、原発城下町として、新たな原発建設がもたらす「原発マネー」に期待するようになっていた。

二〇〇二年に福島第一、第二原発検査記録改ざん問題が発覚し、この改ざん問題を契機に、佐藤栄佐久知事（一九八八―二〇〇六年在任）は東京電力の対応や国の姿勢に不信感を強め、プルサーマル計画（原子炉でプルトニウムとウランを混ぜたMOX燃料を燃やすこと）や原発推進政策に批判的な姿勢に転じ、県は第一原発七号機、八号機増設に対しては受け入れを表明しなかった［佐藤 2011］。だが、知事の交代に伴って県は方針を転換し、プルサーマル発電は福島第一原発三号機で二〇一〇年一〇月より営業運転が実施された。七号機、八号機の増設計画については、その後、福島原発事故を受けて、二〇一一年五月に正式に中止された。

なお、同じく福島県の沿岸部（浜通り地域）において、浪江町（なみえまち）と小高町（おだかまち）（現・南相馬市小高区）にまたがる形で建設が計画された東北電力の浪江・小高原発（八二・五万キロワット）は、地権者による共同登

写真2-1　浪江・小高原発建設予定地（2017年11月，浪江町）．
東北電力が用地買収を終えていた区画
撮影：新泉社編集部

写真2-2　東北電力「浪江・小高原子力準備本部」跡
（2017年11月，浪江町）．
福島原発事故が起こるまで事業を継続していた
撮影：新泉社編集部

記運動などが成功し、長い間、全体の約二割分、三〇万平方メートルの建設用地の買収が進まなかった〔恩田 1991〕。その後、福島原発事故を経て、二〇一一年一二月に浪江町議会、南相馬市議会が建設反対を決議したことを受け、東北電力は二〇一三年三月にようやく建設計画を断念した（**写真2-1・2-2**）。新潟県の巻原発建設計画とともに、原発依存的になりがちな原発立地県内において、立地計画が中止となった数少ない事例である。

◆「原発マネー」

第一原発の一〜四号機が立地する大熊町は、炉の数が多いだけに、浜通り地域の中でも原発の恩恵を最も受けた町だった。大熊町の一般会計予算の歳入額は一九五五年度は約一七〇〇万円だったが、第一原発一号機が営業運転を開始した一九七〇年度には約四億二〇〇〇万円に、一九八〇年度には三〇億円を超えるまでになった。原子炉の固定資産税、核燃料税、電源三法交付金、関連会社の固定資産税、原発で働く人たちの地方税など、大熊町の税収の大半は、原発関連だった。

そもそも交通の利便性の低い過疎地域に原発が誘致され、原発が一基、二基と増え続けるに従って、当該市町はますます原発に依存せざるをえなくなる。原発や関連施設で雇用される家族や親族、友人なども次第に増えてくる。原発や関連施設は雇用を提供し、貴重な現金収入の機会をもたらした。大熊町や双葉町など、付近の住民にとっても、近親者が福島原発や東京電力に勤務しているということは誇らしいことだった(写真2-3・2-4)。濃密な人間関係の網の目の中で、住民は重大事故に対する不安を抱えていても、なかなかその不安を口にしたり、表立って批判することはしづらくなる。立地市町内などでの批判は、近隣からの孤立をもたらしかねないからである。このような沈黙を強制する構造は、全国の原発立地点にほぼ共通している。

写真2-3
福島第二原発のPR施設「エネルギー館」(2013年4月, 富岡町).
2018年に「東京電力廃炉資料館」に改装された
撮影:新泉社編集部

写真2-4　帰還困難区域のバリケードの先に見える
「原子力明るい未来のエネルギー」の標語(2015年7月, 双葉町)
撮影:新泉社編集部

◆市民運動的な原発反対運動

前述の早川もそうだが、福島県の反対運動では、キープレイヤーとして高校の教員・元教員が目立つ。精神的にも自立的で、福島原発事故前でも首都圏や他の原発立地点に関する批判的情報へのアクセスが相対的に容易だったからである。

早川らは、いわき市の元高校教諭で市議や県議を務めた伊東達也らとともに、一九七〇年代前半から原発の危険性を訴え続けてきた。二〇〇二年七月に公表された政府の地震調査研究推進本部の長期評価を受けて、二〇〇五年五月に東電の勝俣恒久社長に対し、一九六〇年のチリ地震津波のような津波が来た場合に、第一原発も第二原発も引き潮や高潮に耐えられないとして、機器冷却系の海水ポンプを守るために、ポンプ建屋や重要電源盤の水密化などの抜本的対策を申し入れた。二〇一一年に生じる過酷事故の危険性を予測し、対応を求めていたのである。

一九八六年四月のチェルノブイリ事故を契機に、いわき市の佐藤和良(二〇〇四年から市議)や三春町の武藤類子らはともに「脱原発福島ネットワーク」を一九八八年につくり、福島第二原発三号機の再循環ポンプ破損事故問題(後述)や、福島第一原発七、八号機の増設反対、プルサーマル計画に反対する「ストップ・プルサーマルキャンペーン」の活動、度重なる事故やトラブル等の原因追及など、監視活動を続けてきた。福島原発事故以降、被害者救済や放射性廃棄物の安全管理などを求め、県内の損害賠償請求訴訟や東電元幹部の刑事責任追及訴訟などのリーダーとなったのは、これらの人びとである[武藤 2012, 2021]。

このように立地点およびその周辺の住民は、東京電力に対して、福島原発事故以前から繰り返し警告してきた。しかし、東京電力はそのような警告を一顧だにせず、本件事故を引き起こしてしまった。そして、そのような地域住民からの要望・要求に対して、行政や安全規制当局がその任を十分に果たしてこなかったからこそ、福島原発事故は構造的に引き起こされたのである。英語には、まだ起きていない危険や、目では感知できない危険を知らせる人、または状況を意味する「炭鉱の中のカナリア(canary in a coal mine)」という表現がある。かつて炭鉱夫の先頭がカナリアのカゴを持って炭鉱に入ったことに由来する。カナリアの歌声が止まったり、急に弱って死ぬなら、炭鉱内にメタンガスのような有害ガスが多いと判断し、炭鉱夫はいち早く脱出したという。相対的に少数ではあったが、地域住民の運動は、無責任な国の原子力安全規制当局に代わって、いわば炭鉱粉塵事故防止におけるカナリアの役割のように、地域の当事者としていち早く警鐘を鳴らし、是正要求や改善要求を長年繰り返し行ってきたのである。

3 福島原発事故の構造的・組織的背景

❁相次ぐ事故やトラブルとその隠蔽

日本の原発の中でも、福島第一原発、第二原発は運転開始の初期から大小のトラブルが目立っていた。事故やトラブル、不正が継続的に発生し、隠蔽しようとする体質は改められなかった。東京電力は長年にわたって立地する地元の地域社会や福島県を軽視し、経済性を最優先し、安全を軽視してきたのである[佐藤 2011]。国の側も、県当局も、地元の市町村も、チェック能力に乏しかったし、県や立地市町村が有する権限も限られていた。二〇一一年三月の福島原発事故の構造的背景である。直接的には三月一一日の地震と津波が引き金になったのではあるが、福島原発事故は突如起こったわけではない。一九七三年六月の第一原発での放射性廃液漏出事故以来、「東電の不手際や通報連絡の遅れに対して県や地元の町が怒る。そして国の指示や命令を受けた東電が原因と改善策を県や地元に説明する……。こんな図式の問題処理が繰り返され、過酷事故への対策は先送りされてきた」［福島民報社編集局 2013: 65］。過酷事故に至るには、松本三和夫が「構造災」［松本 2012］と呼ぶような、構造的な背景があった。

主要なものは、一九八九年の原子炉再循環ポンプ損傷事故、二〇〇二年に発覚した自主点検記録改ざん事件、二〇〇三年一〇月からの第一原発一号機の一年間の運転停止処分である。

一九八九年一月、福島第二原発の三号機で、再循環ポンプ内部の回転翼の溶接部が壊れ、炉心に多量の金属片等が流出し、長期にわたって運転が停止する事故が発生した。

二〇〇二年には福島第一、第二原発の全一〇基および柏崎刈羽(かしわざきかりわ)原発一、二、五号機の計一三基で、一九八〇年代後半から九〇年代にかけて、合計二九件もの自主点検記録が改ざんされてきたことが発覚した。例えば福島第一原発一号機のシュラウド（燃料棒を支える装置）のヒビを報告しないなどの法令違反の疑いのある不適切な事例があった。この改ざん事件が発覚したのは、二〇〇〇年七月、点検作業を行っていたGE（ゼネラル・エレクトリック）のアメリカ人社員が、原子力安全・保安院に点検作業記録が改ざんされているという内部告発文書を送ったことが契機であった。しかも原子力安全・保安院は、この内部告発を二年間も放置していた。

この事件の責任をとって、二〇〇二年九月、当時の南直哉(のぶや)社長とともに、日本の財界トップとして経団連会長に君臨したことのある平岩外四(がいし)相談役を含め、一九七六年以降二六年間の社長経験者四人全員と当時の原子力本部長が辞任するというきわめて異例の事態となった。東京電力は、福島第一、第二原発と柏崎刈羽原発で長年続けてきた組織的不正を認めざるをえなくなったのである。この事件を受けて、二〇〇三年四月から七月にかけて、柏崎刈羽原発を含む、東京電力が運転する計一七基の原発すべてが安全点検のために運転停止することになった。とりわけ第一原発一号機は、原子炉格納容器漏洩率試験における不正が発覚し、改ざんが悪質だとして、二〇〇三年一〇月から一年間の運転停止処分を受けた。

このように二〇一一年三月一一日に過酷事故の起きた福島第一原発は、日本の原発の中で最も大小のトラブルが多い、かつ、改ざんや不正の多い原子力発電所だった。

改ざん事件の発覚を機に、当時の佐藤栄佐久知事は国の原発推進政策への批判を強め、情報公開と原子力安全・保安院の経済産業省からの分離を強く求め、プルサーマル受け入れに反対するようになった。原発に好意的だった双葉町、大熊町、富岡町、楢葉町の原発立地四町の町長も、東電に対して抗議文を提出している。

◆津波対策を先送り

二〇〇八年三月、津波対策を担当していた東京電力の土木対策グループは、二〇〇二年七月に公表された政府の地震調査研究推進本部の長期評価に基づいて一五・七メートルの巨大津波対策の必要性を東電原子力本部に提起したが、同年七月、当時の武黒(たけくろ)一郎原子力・立地本部本部長と武藤栄副本部長は、多額の工事費がかかることからこの報告を握りつぶし、事実上先送りした。二〇〇九年二月、勝俣恒久会長はこの方針を承認した。実際、二〇一一年三月一一日、遡上高約一三メートルの津波が第一原発を襲った。この先送りこそが、福島原発事故の「決定的な原因」（海渡雄一弁護士）とされている。この先送りをめぐる法的責任の有無が、この三名を被告とする東電経営陣の刑事責任追及訴訟や株主代表訴訟（被告はほかに二名が追加されている）などの中心争点である。刑事責任追及訴訟の一審判決（二〇一九年九月一九日）は、津波襲来の予見可能性は認めがたいとして、無罪を言い渡した（二〇二三年一月一八日の二審判決も無罪となった）。他方、東電株主代表訴訟の一審判決（二〇二二年七月一三日）は、清水正孝社長を含む当時の経営陣四人の被告に、原発事故によって東京電力がこうむった損失に対する損害賠償金一三兆円の支払いを命じている。基本的な争点はほぼ同一だが、担当裁判官の倫理観、司法のとらえ方、政治的判断などによって、判決は大きく揺れ動いている。

東電経営陣による津波対策先送りの方針決定に関連して、国の責任の有無も大きな争点である。「生業を返せ、地域を返せ！」を掲げる福島原発事故の損害賠償請求訴訟（福島県内の住民や避難民ら原告約三七〇〇人）における二〇二〇年一〇月三〇日の仙台高裁二審判決では、二〇〇二年七月に地震調査研究推進本部の長期評価が公表された直後に、経済産業相が津波高の試算を東電に命じていれば、津波の到来は予見できたとして、「規制当局に期待される役割を果たさなかった」と国の姿勢を批判し、国と東電が「喫緊の対策措置を講じることになった場合の影響を恐れ、試算自体を避けようとした」と指摘している。国の責任は東電と同等であるとして、国と東電に、原告住民に対するほぼ同額ずつの損害賠償金の支払いを命じた。しかし、この裁判を含む四件の損害賠償請求訴訟に関する二〇二二年六月一七日の最高裁判決の多数意見は、回避は困難だったとして、国の責任を否定した。ただし少数意見は、「『想定外』という言葉によって、全ての想定がなかったことになるものではない。本件長期評価を前提とする事態に即応し、保安院及び東京電力が法令に従って真摯な検討を行っていれば、適切な対応をとることができ、それによって本件事故を回避できた可能性が高い。本件地震や本件津波の規模等にとらわれて、問題を見失ってはならない」と多数意見を厳しく批判している。

実際、東海第二原発では、二〇〇六年に国の耐震指針が改定されたことを受け、また茨城県が二〇〇七年一〇月に出した「津波浸水想定」に基づき対策を実施し、冷却用海水ポンプを守るため、従来あった三・三メートルの防護壁に加えて、側面にも二・八メートルの壁を設け、六・一メートルの津波に耐えられる防水工事を大震災発災二日前の二〇一一年三月九日に完了していた。そのため、津波の遡上高が五・四メートルにとどまったこともあり、ポンプや電源は一部浸水したものの、かろうじて冷却を継続でき、事故を免れることができた。

◆東京電力の組織的体質

福島原発事故は、「安全神話」が空中楼閣であり、後述するように国の規制が十分に機能していなかったことと、世界最大の民間電力会社である東京電力株式会社の営利本位で無責任な組織体制を浮き彫りにした。政府の事故調査委員会も国会の事故調査委員会もともに、東京電力が津波対策を先送りすることなく、また国が電気事業者に全交流電源喪失を想定した対策を求め、シビアアクシデント対策を求めていれば回避できた「人災」だったと結論づけている。

国会事故調査委員会は報告書で、東京電力の組織的体質を以下のように批判している。「東電は、エネルギー政策や原子力規制に強い影響力を行使しながらも、自らは矢面に立たず、役所に責任を転嫁する黒幕のような経営を続けてきた。そのため、東電のガバナンスは、自律性と責任感が希薄で、官僚的であったが、その一方で、原子力技術に関する情報の格差を武器に、電事連等を介して規制を骨抜きにする試みを続けてきた」［東京電力福島原子力発電所事故調査委員会 2012: 483］。

◆長時間にわたる全交流電源喪失を想定せず

福島原発事故の直接的な契機は、外部電源の喪失によって核燃料が冷却できなくなったことにあるが、そもそも地震によって福島第一原発の外部電源が失われたのは、盛り土の崩壊により、津波の及んでいない場所にある送電鉄塔が倒壊したからである。一基の送電鉄塔が倒壊しただけで、福島第一原発全体の外部電源が失われるほど、外部電源の供給・保守体制は脆弱だった。電源多重化への対応の不備が致命傷となった。一、二号機への外部電源の供給が回復するのは三月二〇日午後である。一方、福島第二原発の場合には、津波の高さが九メートルと第一原発に比べて少し低かったこととともに、三系統の外部電源のうち一系統が生きていたために、原子炉の温度、圧力や水位などの把握が可能で、冷温停止することができた。

日本ではすべての原発が海岸に立地し、津波のリスクがあるにもかかわらず、非常用ディーゼル発電機が地下に設置され、このことが長年にわたって問題視されてこなかったこと自体も信じがたい失態である［長谷川 2011］。福島第一原発に非常用ディーゼル発電機は一三台あったが、独立の建屋内に置かれ冠水を免れたのは、六号機用の二台のうちの空冷式一台のみだった。

アメリカ合衆国で非常用ディーゼル発電機が地下に設置されているのは、原発の多くが内陸に立地し、ハリケーンや竜巻を警戒してのことである。日米の立地条件や災害リスクの相違を踏まえて、日本の実情に即した対応をするという最も基本的なことを、電力会社も国の規制当局も長年怠ってきたのである。

日本では各電力会社は、外部電源や非常用発電機の電源機能を八時間以上失うという事態をいずれも想定してこなかった。そもそも原子力安全委員会は、発足以前の一九七七年以来、原発の安全設計審査指針の解説で、「長期間にわたる全交流動力電源喪失は、送電線の復旧又は非常用交流電源設備の修復が期待できるので考慮する必要はない」として、落雷等のリスクを想定するのみで、三〇分以上の電源喪失を想定しなくてよいと、これにお墨付きを与えていた。しかも、津波の想定やこれに対する防護のあり方に関する具体的な指針は定められていなかった。長時間にわたる全交流電源喪失を想定しなくてよいとし、津波への対応を求めてこなかった原子力安全委員会の責任はきわめて重い。想定しなくてよいとされてきたために、日本の原発には全交流電源喪失状態および直流電源喪失状態に対処するマニュアルがなかった。福島原発事故直後、ベントの遅れや海水注入の遅れが批判されたが、根本原因は、そもそもすべての電源が失われた状態に対処するマニュアルがなかったことにある。「東京電力が最悪の事態を想定して準備していた緊急対応のマニュアルは、中央制御室の計器盤を見ることができ、制御盤で操作が可能なことを前提に記されていた」[ＮＨＫメルトダウン取材班 2021: 287]。当然のことながら、全電源喪失状態を想定した訓練も行われてこなかった。日本に住むすべての人びとは、長年、いわば非常用着陸訓練を行ったことのないパイロットが操縦する飛行機に乗っていたようなものである。

福島原発事故では、原子炉の緊急停止直後の三月一一日午後二時五二分に自動起動した一号機の非常用復水器を、午後三時四一分の全電源喪失直前に手動で停止していたが、中央制御室の当直長や免震重要棟で現場指揮にあたった吉田昌郎（まさお）第一原発所長をはじめ、職員の誰も緊急時の冷却装置である非常用復水器を作動させた経験がなかった。そのため、所長らは非常用復水器が作動していないことに、午後一一時五〇分になるまで約八時間にわたって気づくことができなかった［ＮＨＫメルトダウン取材班 2021: 287–314］。非常用復水器のタンク内の冷却水が失われて空だき状態になることを怖れて手動で停止したことと、非常用復水器が作動していないことに八時間も気づかなかったことが一号機のメルトダウンを防げなかった主要因だろうと、ＮＨＫメルトダウン取材班［2021］はみている。

❖規制当局とエネ庁との癒着、規制当局の電気事業者への依存

このように記していくと、福島原発事故が起こるまで、規制当局は何をやってきたのか、どのように機能してきたのか、という疑問が浮かぶ。原子力安全委員会と原子力安全・保安院が十分な独立性を持っておらず、安全規制が形骸化していた。原子力発電所が、原子力推進政策から独立した立場によるチェックを受ける制度的機会が乏しかったのである。福島原発事故前より、ＩＡＥＡ（国際原子力機関）から、原子力安全委員会と原子力安全・保安院の独立性を担保するように勧告を受けてきたが、日本政府はこの勧告を黙殺してきた。

原子力安全委員会は、一九七四年の原子力船むつの放射線漏れ事故をきっかけに、米国の原子力規制委員会を真似て、原子力委員会の機能のうち「安全規制」を独立させて一九七八年に発足した。原子力安全委員会は、安全審査の指針づくりなどを担当し、また保安院が原発の安全性を確認したのちダブルチェックをすることになっている。原子力安全委員会の委員は五名、スタッフは中央省庁再編後は約一〇〇名だった（米国原子力規制委員会の年間予算は一〇億ドル、スタッフは約四〇〇〇名である〔二〇一二年七月末現在〕）。諮問機関で、許認可権は持っていない。原子力安全委員会も、原発推進の原子力委員会とともに内閣府の組織であり（中央省庁再編後。それ以前は総理府の機関だったが、実質的には科学技術庁の組織だった）、ともに中央合同庁舎四号館に入居していた。

個々の原子力発電所の安全規制を担当する原子力安全・保安院（二〇〇一年一月の中央省庁再編時に新設）は、原発推進の資源エネルギー庁の下部組織と位置づけられ、ともに経済産業省別館の建物に入居していた。原子力安全・保安院と資源エネルギー庁内の他の部署との人事交流は日常的に行われていた。原子力安全・保安院の職員が、電力会社や原子力産業に天下りすることも頻繁だった。

国会事故調査委員会の報告書は、福島原発事故を招いた組織的要因を次のように指摘している。「日本の規制当局は、……敗訴のリスクを避けるために、また立地住民や国民の目が向くことを避けるために、徹底的に無謬性にこだわり、規制を改善することに否定的であった。安全文化を構造的に受け入れない仕組みであった」。「これまでの規制組織において、安全文化というのは有名無実であり『安全』『安心』の無責任な安売りが、高価で悲劇的な代償を伴う結果を招くことにつながった」〔東京電力福島原子力発電所事故調査委員会 2012: 503〕。さらに、規制機関の独立性の欠如、透明性の欠如、専門性の欠如を批判し、規制当局やそのトップである保安院長自体が「虜」の構造に陥っていたとし〔東京電力福島原子力発電所事故調査委員会 2012: 477, 480〕、専門性の欠如については、とくに次のように指摘している。「規制当局は、事業者から教えられる形で専門知識を習得してきたという実態もあった。保安院幹部によれば、保安院の職員が外部有識者にヒアリングを行う際も、事業者が同行するケースが多く、有識者が事業者の意にそぐわぬことを言うと事業者からの介入があり、保安院職員が自ら専門性を高める機会を逸していたことが問題視されていた」〔東京電力福島原子力発電所事故調査委員会 2012: 512〕。

4 日本社会はなぜ変われないのか

●新規制体制などの問題点

福島原発事故後、ここまで述べてきたような構造はどの程度変化したのだろうか。事故を踏まえて、規制当局を資源エネルギー庁から分離することとし、原子力安全委員会と原子力安全・保安院は統合され、環境省の外局として、原子力規制委員会が二〇一二年九月に発足し、その事務局として原子力規制庁が新設された。設置法では、原子力規制委員会は「原子力利用における安全の確保」と「中立公正な立場で独立して職権を行使する」ことが謳われている。

原子力規制委員会による新規制基準は二〇一三年七月一八日から施行され、この新規制基準に適合した原子炉の再稼働が認められる仕組みとなっている。福島原発事故前と異なって、大規模な自然災害の発生を想定すること、重大事故対策（シビアアクシデント対策）を求める、既存施設にも最新の規制基準への適合を義務づけるバックフィット制度などが特色である（福島事故前は、以上の点はいずれも求められていなかった）。

しかしなお、①単独の災害の発生のみを想定し、複合災害を前提としていないこと、②肝心の避難計画は原子力規制委員会の審査対象となっておらず、机上の避難計画であるとの批判を免れないこと、③戦争による武力攻撃を想定してこなかったこと（二〇二二年のロシアによるウクライナ侵攻で、世界で初めて原発が軍事占拠の対象となった）など、多くの問題を抱えている。

規制委員会の各期五人の委員の多くは、原子力事業と深く関わってきた研究者などであり、中立公正性にも疑問がある。原子力規制庁の職員は、原子力推進の部署への配置転換を認めないとするノーリターンルールも、例外規定の適用によって、元職員の約三分の一は出向元の省庁に戻っており、ルールの形骸化が指摘されている［新藤 2017］。

国会事故調査委員会は、二〇一二年七月に発表した報告書の中で、七項目の提言の最終項目として、「未解明部分の事故原因の究明、事故の収束に向けたプロセス、被害の拡大防止、本報告で今回は扱わなかった廃炉の道筋や、使用済み核燃料問題等、国民生活に重大な影響のあるテーマについて調査審議するために、国会に、原子力事業者及び行政機関から独立した、民間中心の専門家からなる第三者機関として〈原子力臨時調査委員会〈仮称〉〉を設置する」［東京電力福島原子力発電所事故調査委員会 2012: 21］と提言したにもかかわらず、政府は提言のこの部分を黙殺したままである。

原子炉格納容器内部の調査ができないことも要因ではあるが、東京電力が非協力的で、しかも他の原発の再稼働をめぐる議論への波及を怖れて政府が黙認しているために、配管などに対する地震の影響をはじめとして、地震と福島原発事故との因果関係は一二年を経てなお、まったく解明されないまま放置されている。

●市民社会の脆弱性と政策転換の困難

福島原発事故以後も、全原子炉一〇基の廃炉が決定した福島県を除くと、既存の原発立地点は過疎地が多く、原発に代わる企業誘致なども困難なことから、原発城下町からの脱却が難しい。二〇二二年末に岸田政権が打ち出した、原発再稼働や運転期間のさらなる延長、原子炉の建て替えなどを推し進めるGX(グリーントランスフォーメーション)政策にみられるように、ウクライナ戦争によるエネルギー需給の逼迫などを理由に、日本政府は原発推進姿勢を強めている。

宮城県女川町(おながわちょう)の復興事業と女川原発二号機の再稼働問題(東北電力は二〇二四年二月の再稼働を目指している)のように、過大な復興事業に伴う自治体の財政負担が、再稼働待望を表面化させる構造は、福島原発事故以降も続いている。女川原発二号機の再稼働については、震災後一〇年による復興予算の圧縮が目前に迫った二〇二〇年九月に、立地自治体の女川町長、石巻市長、宮城県知事の同意により地元合意の手続きが完了した。

福島原発事故後、原子炉の運転期間は四〇年と定められるようになったが、福井県の高浜一号機（一九七四年運転開始）、二号機（一九七五年運転開始）について、原子力規制委員会は二〇一六年、例外規定を用いて、運転を最長二〇年間延長することを全会一致で認めた。運転開始から四〇年超のいわゆる老朽原発の延長を許可した初の事例である。

福島原発事故は、原発城下町を含む、強固な原発推進体制のあり方、原子力規制体制の形骸化、原子力問題についての批判的な言論や社会運動の相対的な脆弱さなど、事故の背景にある日本の市民社会の構造的な問題点を浮き彫りにした。日本でも原子力資料情報室をはじめ、大都市圏や原発立地点、原発立地県の県庁所在地で、原発問題に長年地道に取り組んできたNGOや社会運動が存在したが、全体として自立的な市民社会の声が弱い分だけ、原子力に対する社会的な規制が実質的に働きにくく、原子力ムラ的な構造が温存されてきたのである。

福島原発事故後、とくに二〇一一年から翌一二年にかけて、再稼働反対の抗議行動は活発化したが、二〇一三年以降は運動は広がりを欠いた状態にある。二〇一二年の総選挙を最後に、全国的な国政選挙で、原発の是非が争点となったこともない。議席数の少ない日本共産党、社会民主党を除くと、野党第一党の立憲民主党の原発への姿勢もひどく曖昧である。原発推進的な電力労組や、日立製作所の労組などの電機労連が同党の有力支持基盤だからである。

他の原発への波及を最小限のものにとどめたい、再稼働を急ぎたい、東京電力を温存したいという関係者の思惑が、責任追及を曖昧化させ、原因究明を妨げ、現状維持的な政策を続けさせ、原発推進政策の復活をもたらしている。このような思惑が、事故の過小評価と被害の軽視をもたらし、原発避難者に対する早期帰還の圧力となり、政策転換を妨げ、原発再稼働を促すという一連の負の連鎖を生み出す元凶となっている。これだけの大事故が起きたにもかかわらず、政府と電力会社は責任を取ることもなく、教訓に学ぼうともしていない。最高裁も、政府の責任を免罪している。

戦前・戦中の日本の軍国主義を「無責任の構造」と批判した丸山眞男は「『現実』主義の陥穽」(初出一九五二年)の中で、「現実はいつも、『仕方のない過去』なのです」[丸山 2010: 247]と、現実の「所与性」、既成事実への屈服のしやすさという日本人の精神構造を指摘した。ファシズムに対する抵抗力を内側から崩していったのもこうした現実観である、と丸山は批判する。あるべき理念・理想と現実との間をどう架橋するのかという緊張感覚に乏しいという問題点は、決して七十数年前までの過去の問題ではない。地域としての原発立地も仕方がなかった、国家としての原発推進政策も仕方がなかった、原発事故も仕方がなかったという受け止め方は、地域住民から市町村長の多く、県知事、メディア、官僚、最高裁判所判事、政治家、歴代の内閣総理大臣までをも覆っている強力な心性である。

過酷事故は起こりうる。そして福島原発事故のような過酷事故が起こった際に最も被害をこうむるのは、原発城下町とその周辺地域の住民である。放射能によって汚染されたふるさとは取り戻せない。いったん崩壊したコミュニティは回復できない。原発城下町に突きつけられた、過酷事故後の苦渋に満ちた凄惨な現実である。

そして原発城下町に経済的な誘因と引き換えにリスクを押しつけながら、電力がどこから来ているのか、原発が生み出す放射性廃棄物がどこへ行くのかも意識することなく、無邪気にスイッチを入れ、電力を享受してきたのは、大都市圏の事業所と住民である。原発を支えてきたのは、地理的歴史的に形成されてきた巨大な地域格差であり、政府と電力会社の癒着をはじめとするピラミッドのような首魁（しゅかい）の権力構造である。

私たちに突きつけられているのは、福島原発事故という過酷事故を経験したにもかかわらず、日本社会はなぜ変わらないのか、変われないのか、という問いである。

第3章

不安をめぐる知識の不定性のポリティクス

避難の合理性をめぐる対立の深層

平川秀幸

1 原発事故がもたらした〈不安〉と科学の対立

●〈不安〉を払拭／抑圧する科学

福島第一原発の事故がもたらした低線量被ばくの健康リスクの問題は、その認識の違いから、国や東京電力と被災住民の間、あるいは住民同士の間で対立や分断をつくり出してきた。事故では、最大約一六万四〇〇〇人（二〇一二年五月時点、福島県調べ）もの住民が避難を余儀なくされた。多くは、政府が年間積算放射線量二〇ミリシーベルト超を基準にして定めた避難指示区域からの「区域内避難者」だったが、それ以外の地域、いいかえれば政府が「安全である」とした地域からも、被ばくに対する不安から「区域外避難」を選んだ人が大勢いた。その数は、福島県民では、事故から半年後の二〇一一年九月時点で推計約五万人にのぼった［文部科学省 2011］。避難しなかった人たちの中にも、不安を抱えながら暮らし続ける人も少なくない。また、避難指示区域の再編や解除の後も帰還しなかった人びとは、区域内避難者から区域外避難者に立場が変わっている。

そうした人びとに対して政府や自治体は、その不安を払拭し、復興を進めるためのリスク・コミュニケーションを盛んに行ってきた。それが下敷きにしている科学的見解によれば、避難指示の基準である年間二〇ミリシーベルトを下回る低線量での被ばくによる健康リスクは、他の要因によるリスクと比べて十分低い水準であり、健康被害が生じるおそれはない。そうした政府の公式の科学的見解――公式科学――のメッセージは、元からの土地に暮らし続けたいと願う多くの人びとに安心を与えようとするものだったが、区域外避難者や、避難指示解除後も帰還せず避難先で生活し続ける元区域内避難者、そして地元で暮らしながらも不安を抱えている人びとにとっては、必ずしもそうではなかった。公式科学に照らすならば、彼／彼女らが抱える不安や、それに基づいた避難やその他の被ばく回避行動は、科学的根拠のない不合理なものにすぎないということになるからだ。公式科学の見解を前に、不安を口にするのを押し止めた人も少なくない。

✹法廷での公式科学と不安の対立――避難の合理性をめぐって

そうした公式科学による不安の抑圧に対し、あえて声をあげる人びともいた。その中で本章では、司法の場における公式科学と人びとの不安との対立に焦点を当てる。原発事故による損害に対しては、原子力損害の賠償に関する法律（原賠法）に基づいて政府が設置した原子力損害賠償紛争審査会（以下、原賠審）による「東京電力株式会社福島第一、第二原子力発電所事故による原子力損害の範囲の判定等に関する中間指針」とその第一次～第四次追補（以下、中間指針等）が定められており、これに従った賠償や、原子力損害賠償紛争解決センター（原発ＡＤＲセンター）が仲介する和解による賠償が行われてきた。精神的な損害に対しては、区域外避難者も含めて、自動車の自賠責保険の傷害慰謝料を参考にした慰謝料が支払われている。しかしながら原発事故による被害は、中間指針等が対象としているものよりはるかに大きいとして、国と東京電力（以下、東電）に対して、全国で約三〇件の損害賠償請求集団訴訟が起こされた。その中から本章では、最初に判決が下され、被告東電・国の責任を認め、原告の求めた額より過少ながらも賠償を認めた二〇一七年の群馬訴訟第一審の判決（前橋地判平二九・三・一七判時二三三九号一四頁。以下、前橋地裁判決）に着目する。(1)

この訴訟で原告たちは、(A)事故で放射性物質が放出されたことを原因として、(B)将来の健康被害を懸念して避難したことによって、(C)「包摂的生活利益としての平穏生活権」という精神的な権利（精神的人格権）が侵害され、損害として、避難によって生活基盤を失った苦痛、避難先での厳しい生活による苦痛、将来の健康不安などの精神的苦痛を受けたと主張した。賠償が認容されるためには、原因(A)と権利侵害および損害(C)との間に「相当因果関係」があると認められる必要がある。政府の指示で避難した区域内避難の場合は、ただちに(A)と(C)の間には相当因果関係があると認められるが、区域外避難や避難指示解除後の避難継続の場合には、(A)と(B)の間に相当因果関係が認められること、つまり、(A)を原因として、将来の健康被害を懸念し、避難やその継続を選択した原告たちの判断に合理性（法的には「相当性」）があると認められるかが争点となった。

結論からいえば、区域外避難や避難継続の合理性について前橋地裁判決は、「合理性はない」とした被告の東電・国の主張を退け、相応の合理性を認めた。では、そのような合理性は、どのような立論によって認められたのだろうか。またその立論は、法的な正当性を超えて、どのような観点から正当化できるだろうか。それが本章の問いであり、これについて以下では、区域外避難に的を絞り、まず「知識の不定性」という概念によって判決の特徴的論点を再構成し、最後に社会学やリスク心理学、科学論における理論的概念を用いて、前橋地裁判決そのものの正当性について考えてみたい。

2 知識の不定性とは何か——不定性マトリックスによる分類とその実践的意義

「不定性（incertitude）」とは、ある事象に関して利用可能な知識の状態や質を表すもので、知識の不足や不完全さによる通常の意味での「不確実性」よりも広い概念である。その分類の仕方はさまざまあるが、ここではスターリングによる分類［Stirling 2010; 中島 2017］を紹介する。

まずスターリングは、ある事象（例えば低線量被ばくがもたらす健康への影響）に関する知識を、どのような事象が起こりうるか、あるいは起こりえた／起こったかに関する知識（事象に関する知識）と、その事象が起こる「確率（probability）」あるいは「確からしさ（likelihood）」についての知識（蓋然性に関する知識）の組み合わせとして定義する。ここでいう「知識」には、自然科学だけでなく、人文学・社会科学や人びとの常識、経験知、生活知なども含まれる。そのうえで、そうした知識の不定性を、

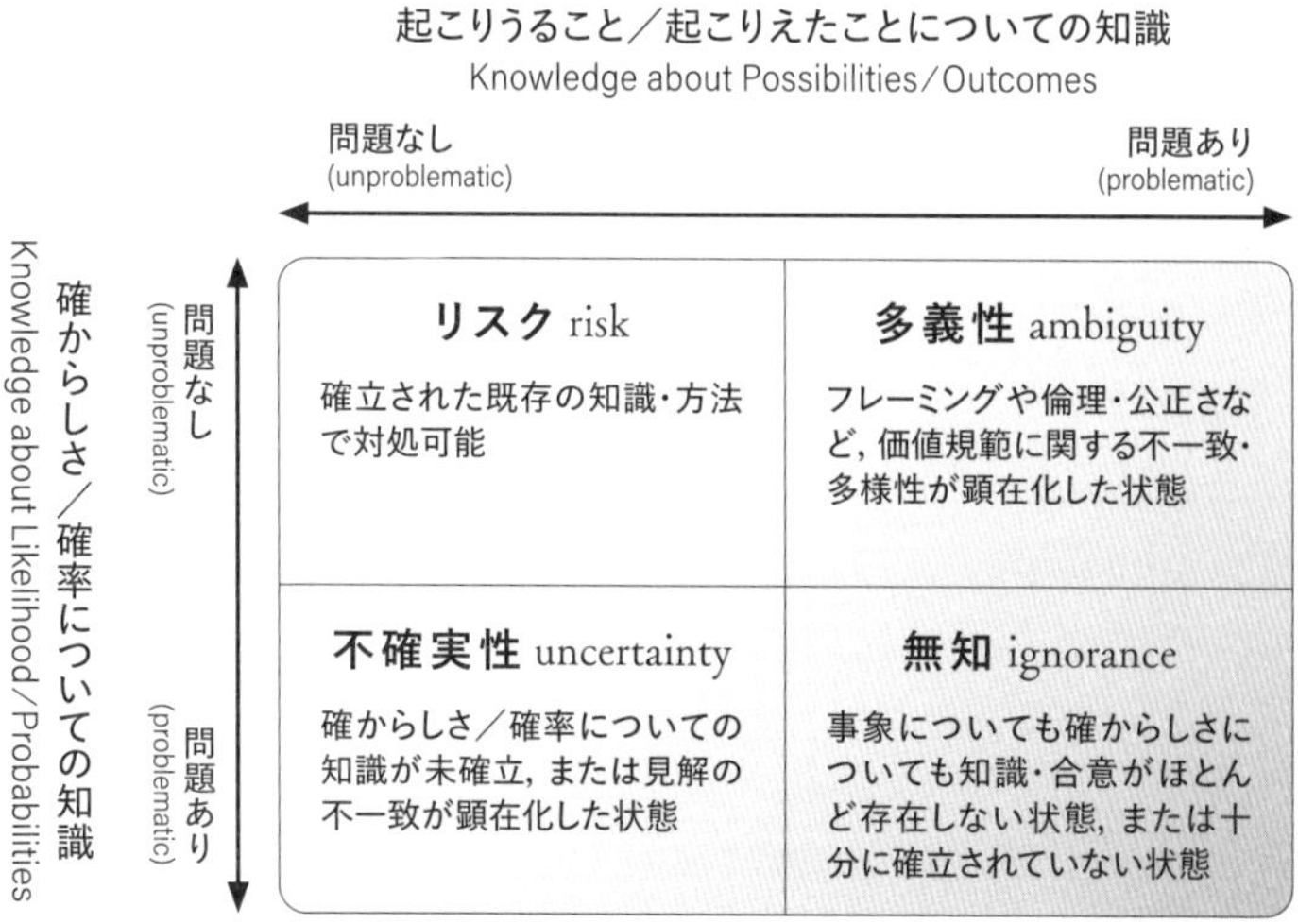

起こりうること／起こりえたことについての知識
Knowledge about Possibilities／Outcomes
問題なし
(unproblematic)
問題あり
(problematic)
確からしさ／確率についての知識
Knowledge about Likelihood／Probabilities
問題なし
(unproblematic)
問題あり
(problematic)
リスク risk
確立された既存の知識・方法で対処可能
多義性 ambiguity
フレーミングや倫理・公正さなど，価値規範に関する不一致・多様性が顕在化した状態
不確実性 uncertainty
確からしさ／確率についての知識が未確立，または見解の不一致が顕在化した状態
無知 ignorance
事象についても確からしさについても知識・合意がほとんど存在しない状態，または十分に確立されていない状態

図3–1　不定性マトリックス

出所：著者作成.

図3–1のような「不定性マトリックス」によって、「リスク」「不確実性」「多義性」「無知」の四つのタイプに分類している。マトリックスの横軸は、これから起こりうること、あるいは起こったこと、起こりえたことについて、人びとの間でどの程度合意が成立しているか、とくに、ある事象について、どのような観点から何に着目し、どのように問題として定義するかという「フレーミング（framing）」の違い・多様性の尺度である。これに対し縦軸は、事象が起こる蓋然性に関する知識について人びとの間でどの程度合意が成立しているかの尺度である。いずれの尺度も、「問題なし」ならば合意が成り立っており、「問題あり」ならば合意が成り立っておらず論争がある、ということを意味している。

また、このような尺度の定義からわかるとおり、不定性マトリックスが表しているのは、知識の客観的な妥当性の程度であると同時に、人びとがそれぞれ知識の妥当性をどう解釈し、その解釈に合意があるかないかという間主観的・社会的な状態である。このため、通常の意味での「リスク」等の用語と区別するために、以下では〈リスク〉〈不確実性〉〈多義性〉〈無知〉と表記する。

このような不定性マトリックスには、単に不定性を分類する以上に、重要な実践的意義がある。スターリングによれば、科学が関わる政策決定の場は、科学的検討が行われると同時に、さまざまな利害が渦巻く政治的な「権力の空間」であり、往々にして知識の不定性が無視され、特定の見解を、あたかも異論なく確立された唯一解であるかのように扱おうとする「圧力」が働いている。マトリックス上でいえば、問題になっている事象に関する知識も蓋然性に関する知識もともに合意が成立しており、既存の知識や方法で対処できる〈リスク〉として問題が扱われてしまう。不定性マトリックスは、そのように不定性を封じ込め（"closing down"）ようとする力に抗して、事象に関する知識がどのような不定性をはらんでいるかを明るみに出し、問題を多角的に検討するための議論の場を切りひらく（"opening up"）、いわば「不定性のポリティクス」における交渉のための反省的対話のツールとして構想されたものである。

3 前橋地裁判決を読み解く——不定性のポリティクスの場としての法廷

❁群馬訴訟第一審におけるフレーミングの〈多義性〉

このような不定性のポリティクスは、区域外避難の合理性を論じた群馬訴訟第一審の審理でも存在していた。そこでは、どのような不定性が切りひらかれ、どのような判断が行われたのだろうか。

審理にはさまざまなタイプの不定性が見いだせるが、その中で審理の行方を方向づけるうえで大きな意味を持っていたのは、フレーミングの〈多義性〉と科学的知見の〈不確実性〉である。まずは、フレーミングの〈多義性〉の問題から論じていこう。

先に述べたようにフレーミングは、ある事象について、どのような観点から何に着目し、どのような問題として定義するかという問題設定の仕方であり、具体的にはいくつかの「フレーミング前提」から構成されている。例えば化学物質や食品のリスク評価では、「どの種類の影響がリスク評価の対象とされるか」、「評価にはどのような種類の証拠が必要か」、「入手した証拠をどのように解釈するか」、「証拠の不確実性をどのように扱うか」などがあり、これらの選び方に応じてフレーミングは多義的になり、時に対立的になる。科学論争では、そうしたフレーミングの対立が、問題に対する結論における対立の根底にあることも多い。

群馬訴訟第一審の原告と被告の間にもそのような二重の対立構造が存在していた。先に述べたように同訴訟では、事故による放射性物質の放出と権利侵害および損害との間に相当因果関係が認められる条件として、原告たちが避難を選択した判断の合理性の有無が争われたわけだが、その根底にあったのは、この有無を判定するにあたって、どのような論拠を検討の対象とし、それらをどのように解釈すべきかという「フレーミング前提」の対立だった。

この対立で、まず原告は、区域外避難の合理性の本質は「原告らが、放射線への恐怖や不安を感じ、避難するか留まるかという選択を迫られたということ」にあるとし、低線量被ばくの健康影響に関する科学的知見に言及しつつも、それは「避難を選択したことが通常人を基準として合理的な判断と言えるのかを評価する上での前提事実の一つ」にすぎないとして、「通常人」を基準に避難の合理性の有無を判断することを求めた(原告「第一五準備書面」)。これに対し被告側は、合理性の有無の判断は、原子放射線の影響に関する国連科学委員会(UNSCEAR)、世界保健機関(WHO)、国際原子力機関(IAEA)による報告書、ならびにこれらを参照して作成された政府の「低線量被ばくのリスク管理に関するワーキンググループ」(以下、リスク管理WG)の報告書(二〇一一年一二月)などに準拠した、国際的に合意され確立された科学的知見——これが本件における「公式科学」である——に基づくべきだと反論し、それに基づけば、年間二〇ミリシーベルトの低線量被ばくの健康リスクは他の要因によるリスクと比べて十分低い水準であるとして、避難の合理性を否定した。また、通常人を基準とするべきだという原告の主張は、そうした科学的知見を否定するものであり、誤っているとも主張した。

このような論拠に関する「フレーミング前提」の対立に対して前橋地裁は、原告の主張を採用し、「通常人ないし一般人の見地に立った社会通念」(以下、通常人・一般人の見地)に基づいて避難の合理性を判断することとし、「当該移転をしないことによって具体的な健康被害が生じることが科学的に確証されていることまでは必要ではない」とした。ただし、科学的なものがまったく不要とされたわけではない。先に述べたように、避難の合理性を裁判所が判定するうえで問われていたのは、避難を選んだ原告たちの判断が合理的だったといえるかどうかである。いうまでもなく、その判断には、居住地の放射線量や福島第一原発の状態、低線量被ばくの健康リスクに関する科学的知見や情報の解釈も含まれている。そのため、原告たちの判断を評価するにあたっては、「通常人・一般人ならば、科学的知見や情報をそのように解釈するだろう」という通常人・一般人の見地からだけでなく、科学的な観点から見て、その解釈が適切かどうかも問われたのである。

もう一つの不定性——低線量被ばくの科学の不確実性をめぐる〈多義性〉

そのように科学的観点から問題となったのが、低線量被ばくリスクの「直線しきい値なしモデル（LNTモデル：Linear-non-threshold model）」の〈不確実性〉という、もう一つの不定性である。

LNTモデルとは、放射線の被ばく線量と影響の間には、それ以下では影響が生じない「しきい値」がなく、直線的な関係が成り立つ（発がんの確率が線量に正比例して増大する）とするもので、国際放射線防護委員会（ICRP）が放射線防護・管理の基礎に置いている「仮説」である。仮説だというのは、次のような科学的不確実性があるからだ。放射線の影響には「確定的影響（脱毛等皮膚障害、骨髄障害、白内障など）」と「確率的影響（白血病を含むがん）」がある。確定的影響は、身体の組織が直接影響を受けることによるもので、しきい値があることがわかっている。他方、確率的影響については、広島・長崎の原爆被ばく生存者をはじめとして、さまざまな集団を対象にした疫学調査から、LNTモデルの関係が成り立つことが知られているが、一〇〇ミリシーベルト以下の低線量では、放射線以外の要因による影響に埋もれてしまい、統計学的に、放射線影響によるリスクの上昇は検出できていない。ＩＣＲＰは二〇〇七年の勧告で、さまざまな研究結果から推定して、ＬＮＴモデルは十分に確証されてはいないが、科学的に説得力のある仮説であるとして、低線量被ばくのリスク管理において、安全性を重視した根拠を提供するものとしている。

このようなＬＮＴモデルについて裁判では、原告と被告の間で次のような「不確実性の解釈」の対立があった。「ＬＮＴモデルには不確実性がある」という点では両者の認識は一致していたが、そのことが何を意味するかの解釈が異なっており、不確実性の解釈に関する〈多義性〉が顕在化していたのである。まず原告は、「低線量では放射線の影響によるリスクの上昇は検出できていない」というＬＮＴモデルの不確実性を、「低線量で健康影響がないことが科学的に立証されているわけではない」という意味で解釈し、それゆえに「住民が不安を覚えるのももっともであり、避難という選択肢は合理的である」と主張した。一方で被告は、モデルの不確実性を「低線量で健康影響があるということには科学的根拠がない」と解釈し、ＬＮＴモデルは放射線防護という実用的な目的のために採用されただけのものだと主張した。

これに対して判決は、科学的に不合理とはいえない範囲でＬＮＴモデルの科学的不確実性を解釈し、原告側の主張を認容する判示を下した。判決はまず、「低線量被ばくによる確率的影響の有無及び程度は、科学的には明らかではないといわざるを得ない」と述べ、モデルの不確実性を指摘しつつも、それは「低線量被ばくの場合を取り出して疫学的な検討を加えることが困難であることに起因するもの」であり、「低線量被ばくの確率的影響について、しきい値の存在を積極的に認めるべき根拠も明確ではないというべきである」とした。また、本件事故による健康リスクの上昇は識別可能だとは考えられないとするUNSCEARの調査結果を引きつつも、それは「現在利用可能な方法では、将来の疾病統計において被ばくによる発生率の上昇を証明できない可能性が高いという趣旨にとどまる」のであって、「リスクがないとか、被ばくによる疾患の症例の今後の発生の可能性を排除するものではない」として、潜在的な被害発生の可能性を考慮した安全寄りの解釈をとった。その結果、原告たちが年間二〇ミリシーベルト以下の低線量被ばくによる健康被害を懸念することは「科学的に不適切であるということまではできない」と判示した。

❖「通常人・一般人の見地」から見た避難の合理性

このように前橋地裁判決では、科学的観点からは、LNTモデルの科学的不確実性を安全寄りに解釈することで、原告たちの避難の判断が科学的に不適切ではないことが認められた。では次に、「通常人・一般人の見地」からは、どのようなことが検討され、どのような判示が下されたのだろうか。

これに該当する判示はさまざまあるが、ここではとくに、原告たちが避難するかどうかを判断した際に考慮した、低線量被ばくの健康リスクに関する他の科学的知見や、国からの情報提供、新聞報道の内容を検討対象にしたものに的を絞って、論点をみていくことにする。それらはいずれも、認定事実として、一方で、将来の健康被害の発生可能性を否定する科学的知見や情報が、国や福島県による情報提供や新聞報道によって周知されていた事実を挙げたうえで、健康被害の発生可能性を示唆する知見や情報もあったことを指摘し、それらに接した原告たちの年齢・性別・

居住地等の属性を考慮して、通常人・一般人の見地では、健康被害の可能性を「単なる不安感や危惧感にとどまらない重いもの」と受けとめることは不合理ではないと認めるものだった。

例えば、国などによる情報提供と報道については、本件事故による健康被害は発生しないことが国と福島県によって情報提供されていた一方で、原告たちが避難すると判断したのは、日本で未曾有の放射線事故が発生し、連日のように事故についての報道があったことや、食物の出荷制限が続いていたこと、復旧のめどもついていなかったことなど、「不安を募らせることも無理もないような記事が報道されていた状況」だったことを指摘している。また、原告たちの属性については、「低線量被ばくにおいては、年齢層等の相違による発がんリスクの差は明確にされていない」としつつ、一般論としては、発がんの相対リスクは若年ほど高くなる傾向があり、放射線に対する感受性も女性や胎児で高いといった指摘があることなどを挙げている。さらには、事故発生の最中・直後は、放射性物質の放出量や実効線量等が不明確だったことからも、そのような状況で避難指示によらず自主的に避難することは、「通常人・一般人において合理的な行動というべきである」と判示している。

4 前橋地裁判決の正当性を考える

ここまで、群馬訴訟第一審において、国や東電が主張する公式科学の見解に対して、いかにフレーミングの〈多義性〉や科学的知見の〈不確実性〉といった不定性が切りひらかれ、科学的な観点に加えて、通常人・一般人の見地という観点からも原告たちの判断の適切さが評価され、区域外避難の合理性を認める判決が下されたかをみてきた。本章の締めくくりとしてここでは、通常人・一般人の見地に関わる判示に的を絞って、前橋地裁判決そのものの正当性について、法学的な観点とは別に、社会学等の理論的観点から考察してみたい。

❖「状況定義」「リスク認知」「遍在専門知」の観点からみた判決の正当性

通常人・一般人の見地に基づく判示の正当性を考えるうえでまず重要なのは、社会学における「状況定義(definition of situation)」の概念である。状況定義とは、人間が自らの置かれた状況を理解する仕方であり、広い意味でのフレーミングである。人間が生きる「現実」は、そのつどの状況の中で認知した情報や、個人が持つ知識や価値観、規範、期待、他者とのコミュニケーションなどをもとに構築される。「通常人・一般人の見地に立つ」とは、専門家ではない原告たちのそのような状況定義に基づくということにほかならない。原告たちが接した科学的知見や国からの情報提供、新聞報道の内容、原告たちの属性など、通常人・一般人の見地に立った判示の検討対象とされた事項は、まさに原告たちの状況定義を形づくるものであるといえる。

そうした判示の正当性は、さらに、人びとの状況定義を構成する二つの認知的働きから考えることができる。一つはリスク心理学における「リスク認知」だ。リスク認知とは、リスクの大きさ(深刻さ)に関する人それぞれの直感的・主観的な評価であり、科学的・客観的に見積もられた被害・損害の発生確率に基づくリスク評価と対置される。リスク認知に関する社会心理学の研究によれば、リスク認知は「恐ろしさ因子」と「未知性因子」という二つの因子によって左右される［中谷内編2012］。より細かくは、恐ろしさ因子には制御可能性、自発性、恐ろしさ、世界的な惨事、致死的帰結、公平性、将来世代への影響、削減可能性、増大か減少かといった因子があり、未知性因子には観察可能性、影響の晩発性、新しさ、科学的理解の程度などがある。これらの観点からリスクをどう見ているかに応じて、同じリスクでも個人によって評価が異なり、科学的な評価よりも過大あるいは過小にリスクの程度が認知される。原発事故がもたらしたリスクには、さまざまな面でこれらの因子が当てはまり、事故の被害者らのリスク認知は、それら因子に強く影響されていたと考えられる［鳥飼 2015; 吉村 2015］。前橋地裁判決では、この概念を参照しているわけではないが、多くの点でその考え方が現れている［平川 2018］。

状況認知におけるもう一つ重要な認知的働きは、「遍在専門知」あるいは「遍在的識別力」である。科学論研究者のコリンズとエヴァンス［Collins and Evans 2007＝2020］は、科学者たちの知から一般の人びとの知まで、専門知（expertise）の多様なあり方を体系的に分類している。そのなかで、専門家が持ついわゆる専門知は、所属する特定分野の専門家集団の中で熟達した研究の実践を重ねることで身につけた、その分野に貢献できるだけの水準にある能力であり、「貢献型専門知」と呼ばれる。これに対し、誰もが社会生活を営むなかで獲得し、個人や組織、それらが発する情報や発言、専門的知見の信頼性を評価するときに発揮している能力が、遍在専門知／遍在的識別力である。例えばある行政機関が、過去に事実の隠蔽や不適切な意思決定を行ったことが知られていれば、その機関に対する信頼は低く、機関が発する情報やそれを発信する意図に対しても懐疑的になる人は多いものだ。

群馬訴訟第一審でも原告たちは、政府のリスク管理WGの報告書について、次のような所見や疑いから、その内容の信頼性・正確性の評価は慎重に行う必要があると述べていた（原告「第一五準備書面」）。①WGの目的は「福島県民の不安の沈静化」のための情報発信にあったといわざるをえないこと、②WGの議論が原賠審で区域外避難に関する議論が行われていたのと同時期だったことから、WGの目的は区域外避難の賠償額を低く抑えるための補強材料を提供することにあったのではないかと疑われること、③WGの人選は政府の意向が強く反映されていたといわざるをえず、構成員は政府関係者と放射線防護の専門家のみで、かつ、その多くが低線量被ばくの健康リスクに否定的な立場であった可能性もあること、④そのようなWGの構成は、「ステークホルダーの関与」の必要性を唱えるICRP勧告の見解にもそわないものであること、⑤低線量被ばくの健康リスクは科学的に決着のついていない難問であるにもかかわらず、WG報告書は一か月半という短期間で作成されており、十分な議論に基づいて作成されたとはいいがたいこと。これらを理由にしたWG報告書に対する原告たちの評価は、まさに遍在専門知／遍在的識別力に基づく判断の典型だといえる。

◆状況定義・リスク認知・遍在専門知の正当性

以上のように、通常人・一般人の見地に基づく判示の正当性は、状況定義、リスク認知、遍在専門知／遍在的識別力の観点から考えることができるが、そこで問題になるのが、被告側が主張したような科学的な現実理解の仕方と比べた、通常人・一般人の見地そのものの正当性である。科学的な理解から見れば、原告たちの状況定義には、不正確なことや間違いがたくさん含まれているだろう(もちろんそれらが本当に誤りであるかは、不確実性ゆえに現在は断言できないことも多いが)。リスク認知にしても、科学的なリスク評価こそが「正しい」認識であり、個人のリスク認知は、科学知識の不足や主観的で感情的な要因によって歪んだ「誤った」認識だと考えられがちである。遍在専門知/遍在的識別力に基づき、情報の発信者の意図や目的を疑うことは「単なる憶測だ」とされ、意思決定プロセスの手続き的な適切さを問題にしたりすることも、「科学的な正しさにとっては無関係なこと」と一蹴されるかもしれない。それらは、どういう意味で正当なものだといえるのだろうか。

まず、状況定義と遍在専門知/遍在的識別力についていえば、それらこそが、人間一般が現実を経験し理解する基本的・基底的な様式なのだという認識が重要である。そもそも科学知識は、そうした、いわば生身で経験される現実に対して、理想化された条件のもとで実験・観察を行い、理論として論理的・数学的・概念的な抽象化の操作を行うことによって獲得されるものである。科学的な現実理解は、そのような知識や方法論を用いて、一つひとつ事実を確かめ、生身の経験に対して事後的・反省的に構築される。そうだからこそ科学は、多かれ少なかれ不定性は伴うものの、この世界の事実の認識について絶大な客観性と正確さを誇ることができるのだが、それは、人間の経験全体の中ではきわめて特殊な認識の様式であり、秘教的ですらある。科学者たちは長年の訓練や研究活動を通じて、そのような現実認識のやり方や態度、つまり貢献的専門知を身につけているが、科学研究を生業としない世の大多数の人にも同じことを要求するのはあまりに非現実的で空想的でさえあるだろう。科学者であっても、自分の専門から遠い分野の事柄については、まずは世の大多数の人と同様に状況を定義し、遍在専門知によって信頼性を推し量るものだ。

また、人びとのリスク認知を左右する因子は、「歪曲」とみなされるような否定的なものばかりではない。リスク認知の背景には、個人が生きるうえで何を望ましく思い、何を望ましくないと思うかを規定する人それぞれの価値観があり、その中には基本的人権など社会正義に関わる社会的・規範的な観念も含まれている。例えば「制御可能性」や「自発性」は、リスクを受忍するか否かを自ら選択できるかどうか、「自己決定権」が保障されているかどうかという問題であり、「公平性」は、リスクや便益が社会の中で不公平に分配されていないかどうかという不正義に関わる問題である。影響の晩発性や科学的解明の不足は、将来、事故の被ばく影響が疑われる病気になっても因果関係が証明できず、責任追及も賠償もなされないといった不正義の予兆を暗示する。自らが重んじる価値を傷つけ、不正義を招くかもしれないリスクをより恐れることは、人間が生きるうえで当たり前で不可欠の感覚だろう。

〈不安〉の底にある解消できない根源的な不定性の尊重

このように人びとの状況定義、それを構成するリスク認知、遍在専門知には、人間が現実を経験し理解する基底的な様式として、科学的な現実理解とは別の意義、別の正当性がある。低線量被ばくに対する不安や避難は、そうした人間にとって基底的な現実理解に基づくものであり、人が生きるうえで根源的ともいえる合理性、正当性があるといえるだろう。
もちろんこれは、人びとの現実理解に含まれる科学的な誤りを放置しておいてよいということではない。それが当人にとっても他者や社会にとっても何か重大な問題をもたらす誤りであれば、科学的な観点から正すことは正当である。ただし、そこで忘れてはならないのは、誤りの訂正は頭ごなしにではなく、時間をかけた丹念な対話、コミュニケーションを通じてだということ、まずは人びとの状況定義を、現実に対する、科学とは別の仕方でのフレーミングとして尊重することである。一見、不合理に見える人びとの〈不安〉の底には、それぞれが大事に思う価値や期待、不正義を厭い正そうとする感覚があり、そこには、科学的な正しさとの間で、解消できない、解消すべきでもない根源的な不定性が横たわっているのだから。

註

(1) なお、群馬訴訟は最高裁まで争われ、二〇二二年六月一七日に判決が言い渡されている。東電の賠償責任については、東京高裁判決で一審判決より上乗せされた額（一審判決での総額三八五五万円に対して一億一九七二万円）が認容され、これに対する東電の上告を最高裁が棄却したため、高裁の認容額で確定した。他方、国の責任については、一審判決から一転して東京高裁が否定し、最高裁でも否定された。

II

被害を封じ込める力、被害に抗う力

第4章

避難者を受け入れた被災地域の葛藤

高木竜輔

1　ある落書きから

まずは一枚の写真を見てもらいたい（写真4―1）。「被災者帰れ」と書かれた落書きは、福島県いわき市内の公共施設の壁に書かれたものである。二〇一二年の年末の出来事であった。もちろん、このような落書き行為は許されるものではない。しかし、これは単なる落書きではない。原発事故避難者と、避難者を受け入れる地域の住民との間の軋轢を象徴するものである。

もう少しこの落書きが書かれた背景を紹介しておきたい。福島第一原発事故の発生により、周辺の住民は全国各地に避難することとなった。避難指示区域からの避難者だけでも約八万人に及ぶ。その避難者を一番多く受け入れたのがいわき市であった。ピーク時に最大で二万五〇〇〇人

写真4-1　いわき市内の公共施設への落書き
写真提供：いわき市

もの避難者を受け入れていた。原発避難者が生活する仮設住宅において、住宅への落書きや車のパンクなどのいたずら行為が発生するようになる。そこに、冒頭の写真にある「被災者帰れ」という落書き事件が発生した。

みなさんは、この落書きを見てどう思われたのだろうか。単なるいたずらで済ませていないだろうか。なぜ、このような落書き行為が生じたのだろうか。みなさんに聞いてみたい。みなさんは、この落書きを見てその意味することを理解できるだろうか。

本章の目的は、この落書きの意味を読み解くことにある。ここでは、主に二〇一四年と二〇一七年に筆者が行ったいわき市民を対象とした質問紙調査のデータを用いながら、この落書きの背景にあるいわき市民の葛藤を読み解いていきたい。[1]

2　原発避難者受け入れ地域としてのいわき市

◆いわき市における避難者の動向

まずはこの落書き事件が発生したいわき市について紹介しておきたい。いわき市は福島県の南東部に位置する人口約三三万人の中核市である(震災時)。福島県は大まかに浜通り、中通り、会津の三つの地域に分けられるが、いわき市は浜通りの中心都市である。かつては炭鉱産業が中心であったが、現在では工業都市として東北でも有数の製造品出荷額を誇る都市でもある。東日本大震災によっていわき市も地震・津波による被害を受け、多くの市民が犠牲となった。沿岸部を中心に壊滅的な被害を受けた。

原発事故後、いわき市には第一原発周辺の住民が多く避難し、しばらくするといわき市内のアパートはほぼ空きがなくなった。被災したいわき市民に加え、避難指示等区域からの避難者、さらに事故対応のための作業員によって急激に住宅需要が高まった。その後、市内には約三〇〇〇戸の仮設住宅が建設されたが、それでもアパート不足は当面続いた。

いわき市における原発避難者の推移を確認しておこう。表4-1はいわき市への避難者数の推移を示したものである。二〇一二年の時点で二万六二二二人がいわき市へ避難しており、その後も二〇一五年まで増加していった。二〇一六年からは徐々に減少し、二〇一九年には二万人を切った。それでも、原発事故から約一〇年が経過した時点でも約二万人が避難している。

ここで重要なのは、時間の経過とともに、避難元の住民の構成が変化していることである。二〇一二年の時点では楢葉町(ならはまち)が五二〇〇人と最も多く、次に富岡町(とみおかまち)の四六九九人、広野町(ひろのまち)の三九九一人と続いた。広野町はこれ以降減少していくが、楢葉町や富岡町はこれ以降も増加してゆく。楢葉町は二〇一五年の五七九八人をピークに、二〇一九年には二七九六人まで減少する。富岡町は二〇一六年の六〇八六人がピークであるが、二〇一九年時点でも五七四六人とそれほど減少し

表4-1　いわき市における避難者数の推移

避難元	2012年	2013年	2014年	2015年	2016年	2017年	2018年	2019年
広野町	3,991	3,762	3,164	2,606	2,099	922	578	539
楢葉町	5,200	5,762	5,754	5,798	5,370	4,625	3,683	2,796
富岡町	4,699	5,538	5,686	5,933	6,086	6,078	5,874	5,746
大熊町	2,581	3,756	4,072	4,325	4,532	4,631	4,661	4,650
双葉町	1,070	1,464	1,761	1,872	1,975	2,016	2,077	2,110
浪江町	1,864	2,173	2,356	2,625	2,778	2,985	3,033	3,017
その他	1,217	1,276	1,121	988	933	751	672	611
合　計	20,622	23,731	23,914	24,147	23,773	22,008	20,578	19,469

注：データは毎年4月1日時点のもの．
出所：いわき市「原発避難者特例法に基づく他市町村からの避難住民数の推移」をもとに筆者作成．

ていない。その他、大熊町（おおくままち）、双葉町（ふたばまち）、浪江町（なみえまち）は二〇一八年にかけてほぼ一貫して増加してきた。

この背景には二つの動きがある。第一に、広野町や楢葉町など避難指示等区域（緊急時避難準備区域を含む）の周辺部から避難等の指示が解除されたことによる、一時提供住宅の提供打ち切りの影響である。広野町では二〇一一年九月末で緊急時避難準備区域が解除され、二〇一二年三月に役場機能が元の場所に戻った。二〇一七年三月末で一時提供住宅が提供終了となったため、二〇一七年以降において避難者数が急減している。楢葉町は二〇一五年九月に避難指示が解除され、二〇一八年三月末で一時提供住宅の提供が終了となった。そのため、二〇一八年以降において避難者数が減少している。

第二に、一時提供住宅から恒久住宅への住宅再建過程のなかで、いわき市に住宅を求める動きがある。緊急避難は、どちらかといえば自治体ごとに避難先が決まっていた。役場機能についていうと、事故直後に富岡町ならば郡山市、大熊町ならば会津若松市、楢葉町ならば会津美里町へと移動した。役場の移動に合わせて避難先を選択する避難者もいたが、役場の移動とは関係なく最初からいわき市を目指す避難者も多くいた。その後、役場の移転先に仮設住宅が多くつくられ、そこに多くの住民が入居する。そして仮設住宅から住宅の自力再建、または災害公営住宅への入居の過程で、より避難元に近いいわき市へと多くの人が移動した。そのため、いわき市へと移動する避難者は自治体によりそのタイミングが異なるのである。

3 軋轢の背景

❁賠償金の格差とそれへの不満

三三万人の都市に二万五〇〇〇人の避難者が流入する。なぜそれで、避難者と受け入れ住民との間に軋轢が生じるのか。以下で述べるように、軋轢を生み出す背景要因をいくつか指摘することができる。

第一に、原発事故による賠償金の格差である［川副 2013］。人的災害である原発事故では、加害者である東京電力から被害者に対して賠償金が支払われる。その額は細かく決められているが、政府による避難指示等の有無によって大きく異なる。原発事故によって第一原発から二〇キロメートル圏が警戒区域に、二〇キロメートル圏外の放射線量が高い区域が計画的避難区域に、それ以外の二〇〜三〇キロメートル圏が緊急時避難準備区域に指定された。これら避難指示等区域(緊急時避難準備区域を含む)からの避難者に対しては精神的賠償(一人月額一〇万円)や就労不能に対する損害金などが支払われている。それに対していわき市は、市北部は第一原発から三〇キロメートル圏内にかかっているが、その区域に対する緊急時避難準備区域の適用は見送られた。そのため、自主的避難等対象区域であるいわき市民に対しては、基本的に避難慰謝料と生活費増加分の一二万円のみとなる(妊婦と子どもの場合にはその限りではない)[(2)]。いわき市への避難者のほとんどは避難指示等区域からの避難者であり、いわき市民にとって、避難者との間の賠償金の格差は非常に大きいものと映った。

調査データからも、賠償の不公平感が原発避難者と受け入れ住民との間の軋轢の要因であることが示される。筆者が二〇一四年にいわき市民を対象に実施した質問紙調査によると、七四・二%の対象者が「補償をめぐって不公平感を感じる」と回答していた[高木 2019: 55]。そのような不公平感の感覚は、二〇一七年に行った調査でも引き続き確認された。また、二〇一四年調査ではいわき市民に対して「避難者はお金をもらえてうらやましい」かどうかを尋ねたが、六四・七%の回答者がそのように回答している。そして両者の相関係数を求めると、それぞれ〇・四三、〇・四七であった。つまり、賠償の不公平感を感じるほど、お金をもらえてうらやましいと感じていることが明らかになった。

原発事故による被害者への賠償は当然のことである。しかし、いわき市民の抱く賠償のあり方への不満が、避難者と受け入れ住民との軋轢の背景にはある。少なくともこのような賠償の不公平感は、いわき市民の多くが持っている。とはいえ、心ない人による公共施設への落書きとなって現れるのはごく一部であろう。不満を持っているからといって、そのような行為を行う人はほとんどいない。他方で避難者からしてみれば、顔の見えない落書きの行為者を「いわき市民全体」のように感じてしまう。

●原発事故によるいわき市民の被害

第二に、いわき市も東日本大震災ならびに原発事故により大きな影響を受けたことである。先ほども述べたように、いわき市も東日本大震災により地震・津波被害を受け、多くの市民が犠牲となり、住戸の被害も多数発生した。加えて原発事故により多くの市民が一時的に市外へと緊急避難した。いわき市の調査によれば、調査対象者の約五割が市外へと避難したと回答した［いわき市 2014］。これをいわき市民全体に当てはめてみると、約一七万人となる。それだけの人が市外へと緊急避難し、事故による不安を感じることになった。また、避難しなかった住民においても、原発事故に伴い市外からの物流が途絶え、日常生活に大きな支障が生じた。

避難行動以外にも、放射能の健康影響への不安も指摘できる。二〇一四年の調査では、四六・七％のいわき市民が「放射線の健康影響への不安がある」と回答している。「地元産の食材を使わない」と回答した人も二八・四％いた。原発事故直後のいわき市においては空間放射線量が高かったものの、次第に低下し、ほとんどの場所で政府の定める年間追加被曝線量の一ミリシーベルトを下回るようになった。しかし、少なくない割合のいわき市民が、原発事故から一定程度の時間が経過した後においても、放射能の健康影響に不安を感じていた。その背景としては、政府の事故対応への不信感も関係していると思われる。

調査データからは、放射能の健康影響の不安は、賠償の不公平感に影響を与えていることが明らかになった(3)［高木 2019: 57–59］。そこでの分析から得られた点を要約すると、放射能の健康影響への不安と納税の不公平感（後述）が、賠償の不公平感に影響を与えていた。とくに前者についていうと、放射能の健康影響への不安を感じる人ほど賠償の不公平感を感じていた。このことは、自分たちも原発事故によって被害を受けたがそのことが賠償によって償われていない、といわき市民が感じていることを意味する。

このことからは、政府の避難指示区域の線引きといわき市民の被害の実態が合致しておらず、それが賠償の不公平感を生み出している、といえそうだ。賠償制度は基本的に避難指示に基づいて設計されており、精神的賠償は解除後一年後まで支払われている。しかしこの調査結果からは、政府からの避難指示が出ていないいわき市民の多くも緊急避難をし、その後の生活においての苦労が償われていない、と感じている。賠償の不公平感の内実はそのように読み取ることができる。

原発事故の影響はそれだけではない。少なくないいわき市民は、避難者の流入によって日常生活に大きな影響を受けたと感じている。具体的には、市内の交通渋滞の悪化や、市内の病院やスーパーが混雑していると感じる市民が増えていることである。とくに病院の混雑に関しては、東日本大震災の被災者に対しては医療費の窓口負担が免除されており、避難生活での健康悪化に加えて、避難先での病院利用を促すことに結果としてつながっている。二〇一四年に行った調査では、いわき市民の八三・八%が「交通渋滞がひどくなった」と回答している。二〇一七年の調査では、いわき市民の八九・四%が「市内の病院やスーパーが混んでいる」と回答している。もっとも、いわき市内の交通渋滞が事故前と比べてひどくなったかどうかについて、客観的なデータがあるわけではないが、多くのいわき市民は事故後に市民生活が大変になったと感じている。

このように、いわき市民からすると、原発事故によって自分たちもかなりの被害を受けたという感覚がある。そしてその被害に対する憤りは、本来ならば東京電力ならびに政府に向けられるべきものである。しかし賠償のあり方の不公平感が募るなかで、その不公平感が避難者へのきびしいまなざしへと転化していった。

もちろんのこと、原発事故によって被害を受けたいわき市民だからこそ、同じく事故によって被害を受けた避難者の置かれている立場を理解し、あるいは理解しなければならないと感じている。二〇一四年の調査では、いわき市民の七二・二%が「原発避難者は生活の見通しがつかず大変だ」と回答しているし、同じく七一・八%の市民が「いわき市民は避難者の気持ちを理解すべき」と回答している。二〇一七年の調査では「避難指示が解除されても避難者はすぐに戻れない」と思うかを尋ねたが、その結果、八四・一%のいわき市民が「そう思う」と回答している。このように、原発事故によって大変な思いをしたからこそ原発避難者の置かれた状況を理解しなければならないと感じている。ここに避難者を受け入れているいわき市民の複雑な感情と葛藤を読み取ることができる。

行政サービスをめぐる不公平感

第三に、行政サービスをめぐる不公平感も関係しているかもしれない。つまり、避難者は子どもの学校やごみ出しなどの行政サービスを無料で利用しているのではないか、というのがいわき市民の感覚である。原発事故避難者は避難先で日常生活を送っている。二〇一一年八月に公布・施行された原発避難者特例法においては、福島県浜通り一三市町村からの避難者に対して、避難先自治体は一定の行政サービスを提供することになった。そしてそのための費用として、避難者を受け入れている自治体に対し、復興交付金制度により避難者一人あたり年額四万二〇〇〇円が国から支払われている(4)［寺島 2016: 31–32］。そのような交付金の存在はいわき市民にはほとんど知られていない(5)。

避難先自治体からすれば避難者受け入れに伴う費用は支弁されているが、いわき市民のほとんどは交付金の存在を知らない。そのため、いわき市民からすると、「自分たちは税金を支払って行政サービスを受けているのに、避難者は何も支払わずにそれを受け取っている」と感じている。筆者が行った二〇一七年のいわき市民に対する調査では、八九・八％のいわき市民が「避難者は避難先に納税すべき」と回答しており、多くの市民が行政サービスへの避難者の「ただ乗り」に不満を感じている。また既述した二〇一七年の調査結果からは、行政サービスに抱く不公平感が高い人ほど、賠償の不公平感が高いということも明らかになっている。

しかし、その交付金の存在をいわき市民が知れば、不公平感は和らぐのだろうか。おそらく「否」だろう。いわき市民の感覚からすれば、同じいわき市で生活していて、いわき市民は住民税を納めていて避難者は住民税を納めていない、ということに不公平を感じるのであって、国からの交付金は関係ないと感じるだろう。このような行政サービスの不公平感は、そもそも原発避難者特例法という制度設計に原因がある。それについては後ほど考えてみたい。

以上、三点にわたって整理してみた。それ以外にも、原発を受け入れた地域の住民に対する偏見のようなものがあるかもしれない。よく聞くのが、立地地域が原発を受け入れ、住民は東京電力ならびに関連企業に勤めることで高い給与をもらい、加えて電源三法などに基づく交付金などで自治体の行政サービスの水準が高かったことに対するやっかみである。これを突きつめると、自己責任論といえるかもしれない。このことを裏付ける質問紙調査のデータを持ち合わせていない。しかし、筆者がいわき市で生活していたときにはそのような偏見をたくさん見聞きしてきた。例えば、「原発を受け入れたんだ。自業自得だ」とか、「原発マネーでさんざんいい思いをしてきた」などである。インターネットやSNS（ソーシャル・ネットワーキング・サービス）でもそういう書き込みが散在している。

そのような意見に筆者は与しない。事故時点で原発稼働から四〇年が経過し、多くの原発立地自治体の住民からすると、物心ついたときから原発があった。原発があることが当たり前の生活であり、彼らが原発を誘致したわけではない。そのような避難者に原発を受け入れた責任を問うこと自体が間違っている。原発を受け入れた責任は、究極的には社会全体にある。加えて、原発マネーでいい思いをしてきたという声に対しては、原発マネーは立地自治体だけでなく、県内のさまざまな公共施設で使用されている、と反論すればいいだろう。

4 軋轢をどう読み解くか、そしてどう乗り越えていくか

◆軋轢をどのように理解するか

では、このような軋轢をどのように理解すればいいのだろうか。結論からいうと、このような軋轢の存在は、原発事故避難者に被害を訴えづらくしているという意味で、すなわち被害を封じ込めるという意味で、東京電力ならびに政府にとって都合がいい状況である、といえるだろう。

政府による避難区域の線引きは、同じ原発事故による被害者を、長期避難を強いられた区域内避難者と、区域の外の区域外居住者とに分けることになった。この線引きが賠償の差を生み出し、結果として分断を生み出した。

これまで述べてきたことからすると、この線引きに妥当性があるかは疑わしい。多くのいわき市民が事故直後に緊急避難を余儀なくされ、いわき市に戻っても放射能の健康影響への不安を感じながらの生活を強いられている。そのように考えると、いわき市民が原発事故によって受けた被害は甚大であり、その被害は原子力損害賠償紛争審査会が示した避難指示区域外に対する賠償額では回復されていないといえる。本来ならば、受け入れ住民であるいわき市民と避難者は、同

じ原発事故による被害者として、東京電力や政府に対する責任追及をともに行っていく立場であるはずだ。

しかし現実に起きているのは、避難者と受け入れ住民が反目するような状況である。一本の線引きによって、いわき市民が向かうはずの不満の矛先が、東京電力や政府ではなく、避難者に向けられてしまったのである。もちろんいわき市民も、区域内避難者の置かれている状況の困難さは理解している。しかし、どこかで避難者と自らの境遇を比較し、賠償の不公平感を感じ、避難者に対してうらやましいと思う感情が発生してしまう。事故に対する不満が目の前の避難者に向けられてしまう。

このように考えると、政府による一本の線引きが、避難状況や賠償金の違いを生み出すだけでなく、被害者同士による連帯をも困難にしてしまった。それが意図したものなのか、意図せざる結果なのかは、もう少し調べてみないとわからない。しかし結果として、このような線引きが被害者からの責任追及の矛先をそらせることにつながったことは確かであろう。

これまでの流れを踏まえて、みなさんは疑問を抱いたはずだ。いわき市民も原発事故により受けた被害をきちんと訴えればいいのではないか、と。実際に、いわき市民の中でも自らの被害を訴えるべく、訴訟に参加する人がいるが、その動きは広がりを欠いている。

実際にいわき市民が自らの被害を訴えることはなかなか難しい。なぜなら政府の安心・安全キャンペーンにおいて風評被害の問題が指摘されるなかで、いわき市民が自らの原発事故の被害を訴えることが、同じいわき市内の農業関係者や漁業関係者への「口撃」となってしまうからだ。(6)

さらに、いわき市内の空間放射線量が時間の経過とともに低下するなかで、いわき市民が放射能汚染被害を訴えることはますます難しくなっている。同じいわき市民の中でも原発事故について話し合うことが難しい状況が生じたのは、そのことが明確な立場性を求められる行為だからである。

ここに避難者を受け入れるいわき市民の心の葛藤を読み取ることができる。いわき市民は原発事故による自らの被害を感じているが、それを表明することがなかなか難しい。また、被害を受けたからこそ原発避難者の置かれた立場が理解できるが、他方で政府の線引きによる違いが生み出す賠償の格差については納得できず、それが避難者との軋轢となって現れる。冒頭の写真が示す落書きは極端な例かもしれないが、その背後には根深い構造的な問題が存在する。

●軋轢をどのように乗り越えていくか

では、軋轢をどのように乗り越えていけばいいのか。簡単ではないが、最後にこのことについて考えてみたい。

第一の解決策は、避難者と受け入れ住民との間の交流を深めていくことだろう[高木・川副 2016]。実際にいわき市内ではいろいろなレベルで両者の交流事業が行われている[齊藤 2017]。交流促進に向けた施設整備も行われており、そこには国の復興関係の予算も使われている。

第二の解決策は、避難者を受け入れる地域への支援とその制度設計である。多くの被災者が長期避難・広域避難するということは、原発事故だけに限られない。今後予想される大災害においてはどこでも起こりうることである。齊藤康則は、東日本大震災の被災地である宮城県仙台市が自地域の住民だけでなく石巻市や福島県など他市町村の被災者も多く受け入れており、そのことに伴う問題点を避難者サロンの支援事例を通じて指摘している。避難者を受け入れていく地域への支援もあわせて考えていく必要がある［齊藤 2019］。

第三の解決策は、避難先と避難元の両方の住民票を持つという二重住民票の導入である［今井 2014］。原発事故直後に検討されたが、総務省の反対もあって頓挫した経緯がある。(7) 事故から一二年が経過したが、避難の長期化のなかでも多くの避難者は避難元の住民票を持ち続けている。また、避難先で住宅を再建していても、多くの被災者は自らを避難者であると認識している［高木ほか 2017］。避難元の住民票を持ちつつ、他方で現在居住する避難先地域社会の一員としてさまざまな生活上の課題を処理するためにも、避難先の住民票を持つこと、つまり二重住民票は今からでも有効であろう。(8) また、避難先の住民票を持ち、避難先に住民税を支払うことが、行政サービスをめぐる不公平感の是正につながるものと思われる。(9)

ただし、これらの施策はそれ自体としては重要であるが、問題の根本的な解決策とはならない。一番重要なのは、これまで述べてきたように、いわき市民に対して、被害に見合う賠償を東京電力が認め、支払うことである。いわき市民の多くが緊急避難で市外へ避難し、そして事故後のいわき市での生活に不安を抱えている。いわき市民が受けた被害は賠償によって回復されていないが、そのことを積極的に訴えることができない。この状況が解消されない限り、軋轢はいつまでも解消されない。

註

(1) それ以外にも、筆者は原発事故発生時にはいわき市の住民であり、二〇一九年三月までいわき市民として生活してきた。そこで見聞きしたり、感じたことも紹介してみたい。

(2) 脱稿後の二〇二二年一二月二〇日に原子力損害賠償紛争審査会が中間指針第五次追補を発表し、精神的賠償に対する追加賠償が決まった。いわき市など自主的避難等対象区域に対しては八万円の追加賠償が決まった(妊婦ならびに当時一八歳以下の子どもは二〇万円)。ただし、それはあくまでも自主的避難に関わる損害であり、生活変容や健康不安に対する賠償ではない。

(3) ここで言及したデータは、筆者が二〇一四年と二〇一七年に行った質問紙調査に基づくものである。二〇一四年はいわき市民を対象に、二〇一七年はいわき、郡山、会津若松の市民を対象に調査を行っている。調査の概要については、高木[2019]を参照。

(4) 対象となるのは、原発避難者特例法における対象一三市町村からの避難者である。

(5) もちろん、避難者の多くもこの交付金の存在を知らない。

(6) 例えば、いわき市内の母親がいわき産のお米を給食に出さないよう市役所に求める動きがあったが、広がりを欠き、SNS上では批判を受けることとなった。

(7) 二〇一一年七月に原発避難者特例法が制定され、避難者に対して受け入れ自治体は法律により定められた行政サービスを提供している。

(8) 避難者の住民税の支払いについては、避難指示期間の間は免除されている。しかし避難指示が解除されると減免期間を経て、免除が打ち切られる。ただし多くの避難者からすれば、生活拠点ではない自治体に住民税を支払うことになる。このように考えると、避難の長期化という状況だからこそ二重住民票が必要であるといえる。

(9) 筆者の私見としては、避難者は避難先自治体に住民税を支払い、避難元自治体に対して支払う分は政府からの復興交付金として支弁するという制度設計が必要だと考えている。

第5章

避難指示の外側で何が起こっていたのか

自主避難の経緯と葛藤

西崎伸子

1 社会問題としての「自主避難」

東日本大震災およびこれに伴う福島原発事故に関連する問題群の一つに「自主避難問題」がある。福島原発事故に伴う自主避難とは、個人や家族の生命・健康に及ぼすリスクを考えて、居住地とは異なる場所へ自主的な判断に基づいて避難することを指す。政府が避難を指示した区域内避難者と区別して、区域外避難者と呼ばれることもあるが、本章では、個人による自主的な避難の決断を尊重し、自主避難または自主避難者に用語を統一する。

自主避難には、①福島県内から県内外、②南東北・北関東等から他地域への避難者の二形態だけでなく、政府による避難指示の解除後に実質的に自主避難と同様の扱いになる③避難指示解除後に帰還しない区域内避難者、そして、さまざまな制約から避難を断念した④潜在的避難希望者が存在する。したがって、これらを包括的にとらえて「自主避難問題」とする必要がある。①と②は、放射線被ばくを避けるために広域移動していることや経済的な理由等から家族が分離し、主に母子の組み合わせで遠方に移動する「母子避難」（＝避難元と避難先での「二重生活」を意味する）が一定数含まれているという特徴がある。福島県内からの母子避難者は、原発事故を象徴する存在としてメディアに頻繁に取り上げられてきた。

なぜ、自主避難という行為が社会問題になるのだろうか。

かつては、災害や戦争などの危機的状態でも、そこから避難する行為は、例外的な出来事ととらえる向きもあったが、近年の災害の増加により、自主的な避難行動はリスク回避の手段として正当性が得られるようになっている。それにもかかわらず、原発事故直後から政府はメディアを通じて「ただちに健康被害はない」と繰り返し伝え、放射線の専門家は、あたかも放射線の年間被ばく線量一〇〇ミリシーベルトまでは安全であるかのように喧伝（けんでん）してきた(1)。ここに自主避難が社会問題化する兆候がみられる。緊急時の一般的な避難行動に対する極度な抑制は、災害時に一般的にみられる「正常性バイアス」としてだけでなく、原発稼働の歴史的な経緯と関連して広まった安全神話との関係も考える必要がある［木村・高橋編 2015；佐藤・田口 2016 など］。

後述するが、自主避難の問題が長期化・深刻化する背景には、曖昧で複雑な自主避難の定義と救済の仕組みが関連する。これにより、被ばくによる健康不安、家族関係の変化、避難に伴う支出の増大、生活設計の変更、いじめや差別、子育ての精神的・身体的負担、孤独・孤立などの困難や葛藤が増幅した。追い打ちをかけたのが、自主避難を「自己責任」とする社会の風潮である。避難者の多くは批判をおそれ、無用な分断を避けるために積極的に語ることや支援を求めることを控えるようになった。自主避難に正当性があることを主張する最後の手段は、被害者が加害企業や国家の責任を裁判に訴えることであり、全国の原発訴訟で争われている（本書第6章参照）[森松2013]。

原発事故による避難者数（自主避難者を含む）は、二〇一二年五月の約一六万人（うち、県外避難者数約六万三〇〇〇人）をピークに徐々に減少し、二〇二二年四月に約三万人（うち、県外避難者数約二万三〇〇〇人）になった。(2) 一一年以上が経過してもまだ、万人単位が県外で避難生活を続けているのである。しかも、この避難者数は総務省が二〇一一年四月から稼働させている「全国避難者情報システム」をもとにしており、避難者が任意で避難を届けるシステムのため、実態が反映されているわけではない。また、自主避難者に関してはその定義と避難者数が曖昧にされてきた。

長期化する避難について考察するためには、まず、政府と加害企業が汚染や避難に関する詳細な調査をせずにきわめて限定した範囲でしか救済や補償をしないと決定したことによって、多くの問題が生じていることを認識する必要がある。また、自主避難に伴う苦悩や葛藤が生じたのは、個人の決定や家族内の対立が原因ではなく、原発事故後の政府の対応に、問題を生み出す構造があったからである。

本章ではまず、福島原発事故に起因する自主避難が問題化する初期段階について述べる（第2節）。次に、事故から一一年が経過した二〇二二年時点で、帰還か定住かの二者択一だけでなく、避難生活からの「出口」を各避難者が探す段階にあることを、自主避難者のエピソードから描く(第3節)。最後に、避難生活から定住への過程を明らかにすることが今後の課題になることを示す(第4節)。

2 自主避難の初期段階——制度による翻弄

ここでは、自主避難の長期化と帰還をめぐる混乱に影響を及ぼした放射線量基準、家賃補助制度、政府の自主避難についての見解、「原発事故子ども・被災者支援法」の概要を説明し、自主避難を選択したり、避難者同士が分断したり、救済制度から排除されたりする経緯を明らかにする。

◆「二〇ミリシーベルト」の衝撃

二〇一一年三月一二日から一五日にかけて原子炉から放射性物質が大気中に拡散したことに危機を感じた人びとは、政府による避難指示の有無にかかわらず、福島県内外から自主的に移動を始めた。親戚・知人宅や体育館等に設置された避難所への一次避難、ホテル・民宿等への二次避難、応急仮設住宅(借り上げ住宅を含む)への三次避難など、複数回にわたり移動する人もいた[原発災害・避難年表編集委員会編 2018]。四月以降も避難の動きに歯止めがかからなかったのは、事故が未収束の状態であり、また、政府が四月二二日から計画的避難区域を設定するにあたって、放射線の年間積算線量が二〇ミリシーベルトを超えるおそれのある区域を対象にすると発表したことが挙げられる。

原子力発電所の事故に伴う住民の避難の目安となる放射線被ばく線量基準は、国際放射線防護委員会(ICRP)の二〇〇七年勧告に基づき、各国政府が現地の状況を総合的に考慮して年間二〇〜一〇〇ミリシーベルトの範囲で決定する。日本政府は、事故前に年間一ミリシーベルトの基準を定めていたにもかかわらず、事故後に二〇ミリシーベルトを基準として採用した。ICRPの勧告では、放射線被ばくによって生じる発がんリスクは乳児(一歳未満)の場合は大人の三〜四倍であるとされていたことから、育児中の福島県の親たちを中心に、この突然の基準変更に大きな反発の声があがった。四月二九日に放射線安全学を専門とする小佐古敏荘(こさことしそう)氏(当時の内閣官房参与)が、子どもの被ばく対策に抗議し、涙を流して辞任会見をした反響は大きく、福島県の親たちが五月二三日に文部科学省まで要請に出向く政府交渉へと発展した。五月二七日に文部科学省は、福島県内の学校で子どもたちが受ける放射線量を、当面は年間一ミリシーベルト以下を目指すと発表したことは要請行動の成果であった。

他方、二〇ミリシーベルト基準の撤回や子どもの基準の設置はなされず、放射線量分布と一致しない自治体を制度適用の単位とする政府方針は変更されなかった。計画的避難区域以外で事故発生後一年間の積算放射線量が二〇ミリシーベルトを超えると推定される地域は、避難区域に指定するほどの広がりではないとされ、「特定避難勧奨地点」として個別に指定されたが、この基準に当てはまる地点(例えば福島市渡利(わたり)地区)があったとしても、政府は汚染実態をもとにした避難指示を検討しない判断を下した[西崎・照沼 2012]。渡利地区の住民有志は、詳細な空間線量調査を自ら行い、避難と除染の両立を政府に訴えたにもかかわらず、なんら対応がなされなかったことに落胆した。政府や一部の専門家の放射線リスクに関する発言や汚染実態の公表に不信を感じた人びとは、さまざまな情報を取捨選択しながら避難するかどうかを悩み、意見の対立がみられるなかで避難の決断をした。このときは、避難をしても短期間で元の暮らしに戻れると考えていた人も多かった。

◆家賃補助の適用範囲の拡大

汚染状況が明るみになるにつれて、避難生活が長引くことを覚悟しなければならなくなった。次に立ちはだかる壁が住居の確保である。二〇一一年三月に決められた災害救助法の適用によって、避難指示の有無にかかわらず避難者には応急仮設住宅（以下、みなし仮設住宅）が無償で提供されるはずであったが、この法律は、大規模な原発事故による被災者の入居を想定していなかった。三月二五日時点で政府は、被災地外の自治体が提供する住宅をみなし仮設住宅と認める通知を出したが、運用は福島県や避難先自治体の判断に委ねられた。新潟県では、受け入れ体制が整備されていなかったにもかかわらず、三月一九日時点で福島県など複数の東北各県からの自主避難を含む約一万人の避難者を緊急的に受け入れていた［髙橋ほか 2016］。その後、他県に先駆けて、福島県からアクセスが比較的容易な山形県が六月一五日から、新潟県が七月一日から自主避難者へのみなし仮設住宅の提供を正式に決めた動きは全国に波及し、福島県に留まることを選択していた潜在的な避難希望者の背中を押す役割を果たした。

◆自主避難についての政府見解

福島県内外からの自主避難先は全国四七都道府県に広がった。受け入れ自治体の避難者への対応にはばらつきがあり、十分に受け入れができていない様子から、「国が共通の支援メニューを示し、国がその費用を負担する仕組み」の必要性が示されたが〔田並 2013〕、正確な避難者総数すら把握されておらず、「自主避難者とは誰か」という点を曖昧にしたまま、支援者任せの状態が続いていた。

二〇一一年一二月に原子力損害賠償紛争審査会がようやく自主避難についての見解を示した。それが「東京電力株式会社福島第一、第二原子力発電所事故による原子力損害の範囲の判定等に関する中間指針追補（自主的避難等に係る損害について）」（二〇一一年一二月六日）である。このときに定められた自主避難対象区域からの避難については、「住民が放射線被ばくへの相当程度の恐怖や不安を抱いたことには相当な理由があり、また、その危険を回避するために自主的避難を行ったことについてもやむを得ない面がある」として避難の合理性を一部認めた。しかし、提示された賠償額は、自主避難対象区域の住民が被ばく軽減のために要した費用（避難費用を含む）にも届かないほど少額であった。そして、東京電力が二〇一三年二月一三日に発表した追加賠償の支払いでは、賠償額がさらに減額され、福島県県南や宮城県丸森町（まるもりまち）を追加したが[(3)]、それ以外の福島県外からの避難者にはなんら救済策は設けられなかった。政府（環境省）が年間追加被ばく線量一ミリシーベルトとなる地域を指定した「汚染状況重点調査地域[(4)]」と比較すると、自主避難対象区域の狭さが際

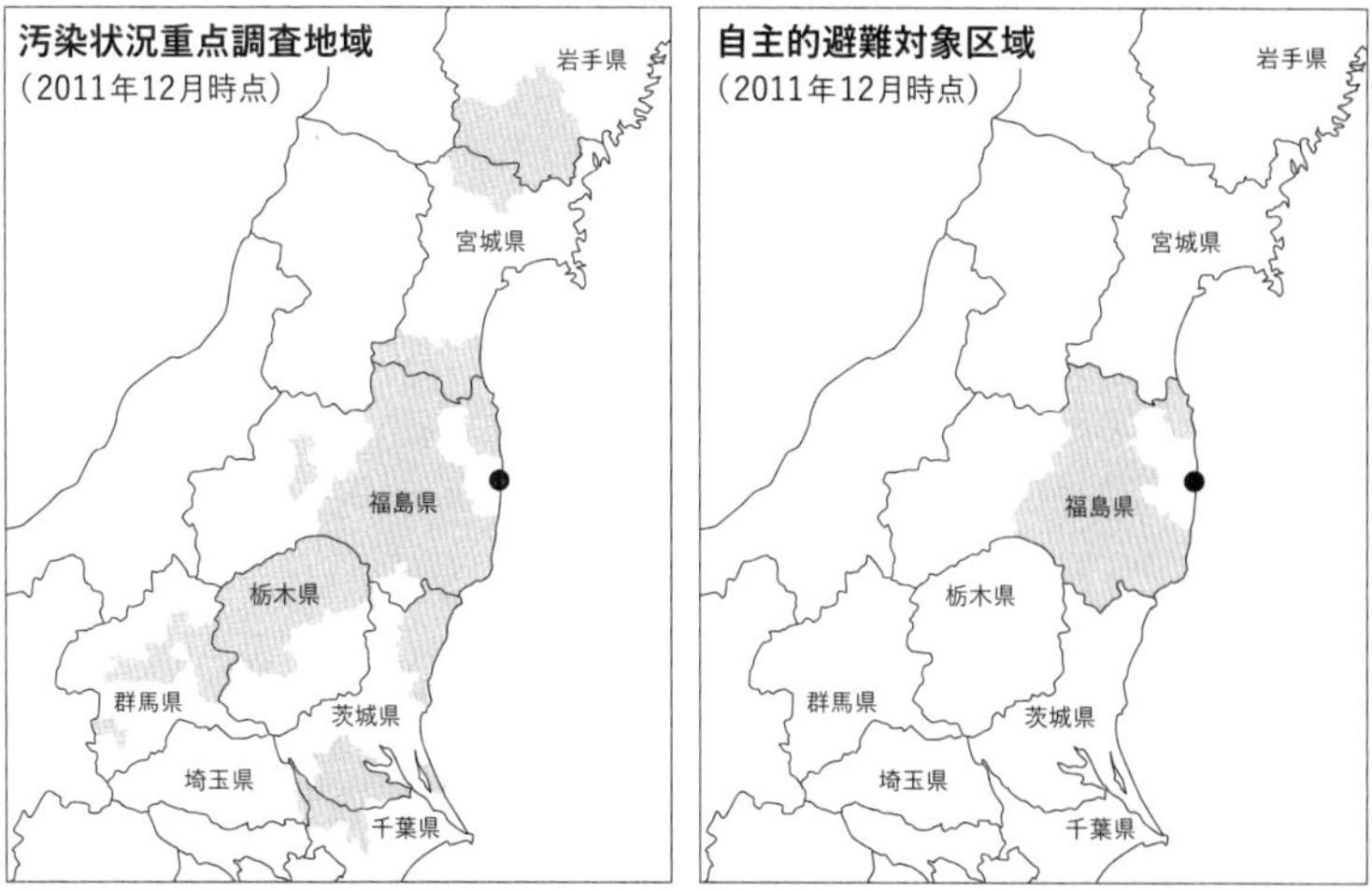

図5−1　汚染状況重点調査地域と自主避難対象区域

出所：（左）環境省「放射性物質汚染対処特措法に基づく汚染廃棄物対策地域，除染特別地域及び汚染状況重点調査地域の指定について」記載の「汚染状況重点調査地域」より筆者作成．
（右）「東京電力株式会社福島第一，第二原子力発電所事故による原子力損害の範囲の判定等に関する中間指針追補（自主的避難等に係る損害について）」（2011年12月6日）記載の「自主的避難対象区域」より筆者作成．

立つ（図5−1）。法的な支援対象を限定するために、二〇ミリシーベルト基準を用いて自主避難を狭くとらえようとする政府に対して、避難者を受け入れる自治体や民間の支援組織は制度を柔軟に運用し、また、先行研究においても自主避難を広くとらえて分析されてきた(5)。

◆「原発事故子ども・被災者支援法」への期待と裏切り

二〇一二年六月二一日に成立した「東京電力原子力事故により被災した子どもをはじめとする住民等の生活を守り支えるための被災者の生活支援等に関する施策の推進に関する法律」（以下、「原発事故子ども・被災者支援法」）は、被害者の健康への不安や生活の負担軽減を支援する目的で超党派議員によってつくられた法律で、地元で生活を続ける人、避難した人、帰還する人それぞれを支援するという理念によって、今までの救済からこぼれ落ちる人びとに対するきめ細かな支援策が期待されていた。しかし、法律の理念を具体的に示す基本方針が一年以上策定されず、復興庁は二〇一三年三月一五日になって「原子力災害による被災者支援施策パッケージ」を発表した。福島県中通り・浜通り地域、および宮城県丸森町から避難している母子・父子避難者を対象とした高速道路無料措置とみなし仮設住宅の家賃補助が延長されたという点で支援対象はわずかに広がったが、「原発事故子ども・被災者支援法」の理念を完全に実現するものではなかった。[6] 結局、「原発事故子ども・被災者支援法」の基本方針は、二〇一三年八月二二日に福島県から自主避難した住民らが早期策定を求めて提訴した直後の八月三〇日になって示された。しかし、具体的な線量基準が定められず、避難者への具体的施策もなく、被災者の声を直接聞くための公聴会も開かれず、より広範な被害を受けた避難者らの願いはことごとく裏切られる結果になった。

3 長引く避難生活と帰還の葛藤

政府による自主避難者への支援策が遅々として進まず、避難の動きがやまないなか、[7] 福島県は二〇一二年一一月二七日に早々と総合計画「ふくしま新生プラン」を発表し、県内外の避難者約一六万人(自主避難を含む統計上の数)を二〇二〇年度までにゼロにすることを掲げた。さらに、二〇一五年八月二五日に改定された「原発事故子ども・被災者支援法」の新基本方針では、「線量は大きく下がっている」ために「新たに避難する状況にはない」として、早期帰還・定住支援に重点を置く方針を改めて示した。これに続く、二〇一七年三月末のみなし仮設住宅の家賃補助の打ち切りは、政府が避難の継続を認めないと宣言したも同然であり、避難者は避難元への帰還か、自立かの決断を迫られたのである。帰還者の中には、避難元の放射線量の推移を確認したり、家族の意見等を聞いたりしながら納得して帰還する人もいれば、経済的困窮を理由にやむなく帰還する人もいた[8]。以下、個別のケースを詳しくみていく[9]。

Aさん(女性、二〇二二年現在三〇代後半)は、二〇一一年夏に子ども二人(当時三歳、五歳)を連れて京都市に母子避難し、家賃補助の打ち切りを契機に二〇一七年三月末に福島市に帰還した。帰還した理由は、夫から帰ってくるように促されたこと、Aさんが家賃を支払う経済力を持っていなかったこと、子どもの進学先を総合的に検討した結果であった。避難中は月に一回程度、福島市の自宅に戻っていたが、ときどき里帰りするのと帰還とでは周囲の人びとの反応が違っていた。納得して帰還をしたものの、避難していたことを引け目に感じるような場面が学校や地域、家庭内であったが、再避難の選択はないとあきらめている。Aさんは民間の支援団体が運営する帰還者が集う「交流会」にときどき参加し、臨床心理士による個別相談を受け続けている。

住居費の支援がなくなって、夫からもう戻ってこいと言われたから……。戻ったらすごくふつうでびっくりした。おじいちゃんが採ってきた山菜を子どもに食べさせようとすると、嫌だな、と今でも思ってしまう。でも、もう言わないの。避難を六年続けてきて、子どもが進学するので、自分でも区切りがついたというかね。父も母も歳とってきて心配だったし……。周りは、ああ戻ってきたんだね、しか言わない。本音はわからない。みんないろいろ思ってても、もう誰も震災のことも放射線のことも口にしない。

避難を継続する人たちも葛藤を抱えている。Bさん(女性、二〇二二年現在四〇代後半)は、二〇一一年秋に子ども三人(当時三歳、六歳、八歳)と実家がある大阪市に母子避難した。二〇一五年四月に夫が転職して家族に合流し、定住することを決めたが、就職先や地域社会になじめず、家族だけが心の拠り所になっている。さらに、二〇二一年に長男が福島県内の会社に就職した。Bさんは、困難を覚悟のうえで避難をさせた子どもが、成長後に被災地に戻り、就職する決断をしたことにどう向き合えばよいのかわからなくなっている。被ばくのことを今でも気にしてしまう。Bさん自身も将来どこで暮らすのか決めていない。下の二人の子どもが社会人になり、子育てが終わったときに改めて考えようと結論を先延ばしにしている。一般的な子育て相談を受けられるところが関西にはあるが、原発事故のことを話すと距離を感じてしまう。自治体の議員と話した際には、原発事故の避難者特有の問題ではなく、生活困窮者としての支援を検討したいと言われたことにショックを受けた。Bさんは避難者同士の自助組織のイベントに参加し、共通の悩みを抱える自主避難者と話をすることで、「自分だけが悩んでいるんじゃない」と安心する。

Cさん(男性、二〇二二年現在五〇代前半)は、妻と二人の子ども(当時四歳、七歳)が二〇一一年に北東北にある妻の実家に避難した。

妻子のところに自分も行くことを何度も考えて仕事を探した。ほんと、全然ない……。給料がどうしても下がってしまう。子ども二人を大学まで行かせたいから、ある程度稼がないと……。福島にいると、非正規だけど除染とか復興関係の仕事があってお金がいい。三か月に一回会いに行けたらいいぐらいかな……。仕事は簡単に休めないし……。一人で黙って食事していると一日がむなしく終わるけど、いつか一緒に住もうと思っているからなんとかやっていけている。

Cさんは二〇二一年春に妻子の避難先で就職先が決まり、家族が合流することで単身生活を終えた。しかし、一〇年間で家族に会えたのは十数回だけで、夫婦の微妙な隙間ができてしまった。家族が合流したからには心機一転して暮らしていきたいと思っているが、仕事がうまくいくのか、夫婦関係が修復できるのかという不安を感じている。子どもの健康を最優先に考えて母子避難の選択をしたが、本当にこれでよかったのかと迷い続けている。

関西で避難を継続するDさん(女性、二〇二二年現在六〇歳)は、二〇一一年秋に子ども二人(当時一三歳、一五歳)と郡山市から京都市に母子避難した。子どもたちは社会人になり独立した。両親の介護と仕事のために夫が郡山市に住み続け、Dさんが往復する生活を継続している。

子どもが就職するまでは、と必死に子育てしてきた。二人とも社会人になって、ようやくほっとすることができた。でも、夫の住む町に戻るかというとまだその決心がつかない……。故郷がどちらかももうわからない。ふるさとは実家のあるここかもしれないね。やりがいのある仕事を捨ててきたわけだから。たまに地元に帰ると、避難先でいい生活しているんでしょ、って言われる。もう言い返すのも疲れた。こっちで同じ境遇の避難者を助ける活動をすることで、自分の生きる目標みたいなものを考えることができている。

長年のキャリアをあきらめて母子避難したDさんは、子どもたちが進学・就職し、子育てが終わった頃には、転職を考える年齢を過ぎていた。数年前に病を患い、足が不自由になったこともあり、避難先で生きがいを見つけられずにいた。しかし、二〇二〇年に同じ悩みを抱える被災者の支援活動を始めた頃から、ようやく子育てを優先した生き方から新たな生活へと心の切り替えができるようになった。福島県に帰還することは現時点では考えていない。

これらの四人に共通するのは、家族の合流や子どもの独立などで家族の生活が大きく変化するなかで、さまざまな悩みに直面しながらも、自身の将来の生き方の最適解を探す新たな段階に入っていたということである。

4 定住地と新たな生き方を探し求めて

自然災害の場合、いったん避難した後、「住まい」を軸に生活再建が進むとされてきた。例えば、阪神・淡路大震災(一九九五年)後の住宅とそこでの暮らしの再建過程について、「応急避難期」(震災約半年)、「仮住まい期」(震災半年後から約三年後)、「恒久移行期」(震災約三年後から五年後)、「本格復興期」(震災五年後から約一〇年後)に区切り、とくに本格復興期は、「住宅だけでなく公共施設やコミュニティあるいは産業や文化の再建をはかり、暮らし全体の再建をはかるとともに新しい社会の形成を目指して取り組んでいく時期」とされている[室﨑 2013]。しかし、原発事故の場合は、時間軸に沿った直線型の生活再建にはならない。被ばくの不安や避難生活における苦労に加えて、「戻りたいけれども戻れない」「戻ったけれども不安が残る」「終の住みかが定まらない」という個々人の葛藤が存在し、安定した住まいの確保に影響するからである。

だからこそ、自主避難者(の一部)にとって、唯一の救済策である家賃補助は、個人の生活再建を支える根幹であった。子どもの成長や住環境を理由とした住み替えが認められなかったり、補助の延長の決定が年単位でなされるために安心した生活ができなかったりといった問題は生じていたが、それでも家賃補助は避難生活を経済的・精神的に支えてきたのである。それにもかかわらず、避難生活の長期化による問題点を把握することなく、福島県が二〇一七年三月末以降の家賃補助の打ち切ったことは、自主避難者約一万二二三九世帯[10]の暮らしの将来設計に大きく影響した[矢吹・川﨑 2018]。

「住まい」には支援者(団体)とつながる拠点としての重要な役割もある[津久井 2015]。自主避難者は分散して居住しているため、自助組織をつくることが難しく、支援団体とのつながりを継続することで孤立を防いできた。しかし、国が帰還を促す方針を示して以降、避難実態があるにもかかわらず、避難者として計上・報告しない自治体が見られるようになった。その背景には、政府が各都道府県に示した避難者数調査における避難者の定義について、「前の住居に戻る意思を有するもの」としたことが影響している。[11] 避難者の「戻る意思」を確認していたのは避難先の自治体職員である。ある自治体では、家賃補助の継続を判断するために避難者の居住先を突然訪問し、「戻る意思」を口頭で確認して回ったという。この調査結果をもとに避難者リストから除外された避難者は、避難先自治体や民間の支援団体からの交流会開催等の情報が届けられなくなった。[12]

自主避難者は、事故さえ起きなければ避難を選択する必要などなかった原発事故の被害者である。事故から十数年が経過し、避難生活から定住へと自主避難者自身の気持ちや行動に変化が生じている。しかし、定住地を求めたり、新しい生き方を探るような行動は、他者からは自立とみなされ、定住の過程で生じるさまざまな苦悩や問題に寄り添うような支援組織やネットワークは、家賃補助の打ち切りを契機に減少の一途をたどっている。このままでは、「避難は自己責任」に加えて、「帰還や定住は自立」という言説を社会に定着させることになる。原発事故による長期化する被害の潜在化や加害の否定に抗うためにも、自主避難者個々人の避難経験と定住過程を根気強く明らかにする調査がこれからも必要とされている。

註

（1）福島県放射線健康リスク管理アドバイザーの山下俊一長崎大学教授（当時）は、二〇一一年三月二一日に「福島テルサ」（福島市）で開催された講演会の質疑応答で、「毎時一〇〇マイクロシーベルトを超えなければ、まったく健康には影響を及ぼしません」と説明した。しかし翌日、一〇マイクロシーベルトの間違いであったと福島県ウェブサイト上で訂正された［尾内・調編 2013］。山下氏は事故当初から県民に向けて情報を発信していた専門家の一人であり、大きな影響力を持っていた。

（2）復興庁ウェブサイト「全国の避難者の数」および福島県ウェブサイト「県外への避難者数の状況」。
（https://www.reconstruction.go.jp/topics/main-cat2/sub-cat2-1/hinanshasu.html）
（https://www.pref.fukushima.lg.jp/site/portal/ps-kengai-hinansyasu.html）［最終アクセス日：二〇二二年五月五日］

（3）東京電力株式会社福島復興本社「福島県の県南地域、宮城県丸森町および避難等対象区域の方に対する自主的避難等に係る損害に対する追加賠償について」（二〇一三年二月一三日）。
（https://www.tepco.co.jp/cc/press/2013/1224694_5117.html）［最終アクセス日：二〇二二年五月五日］

（4）地域の平均的な放射線量が一時間あたり〇・二三マイクロシーベルト以上の地域を含む市町村を「汚染状況重点調査地域」とし、岩手県・三、宮城県・八、福島県・四〇、茨城県・二〇、栃木県・八、群馬県・一二、埼玉県・二、千葉県・九を指定した。環境省「放射性物質汚染対処特措法に基づく汚染廃棄物対策地域、除染特別地域及び汚染状況重点調査地域の指定について」。
（http://www.env.go.jp/press/press.php?serial=14598）［最終アクセス日：二〇二二年五月五日］

（5）先行研究では、避難指示区域外からの避難者のうち、福島県内からの避難をすべて「自主避難」としたり［紺野・佐藤 2014 など］、福島県内外からの避難者をすべて「自主避難」とするなど［廣本 2016 など］、自主避難の範囲を政府の見解より広く設定する傾向にある。また、福島県外からの避難者については、自主避難に焦点化させずに「低認知汚染地域」として問題提起がなされてきた［原口 2013］。

（6）復興庁「原子力災害による被災者支援施策パッケージについて」（二〇一三年三月一五日）。
（https://www.reconstruction.go.jp/topics/20130315_package.pdf）［最終アクセス日：二〇二二年五月五日］

（7）二〇一三年に朝日新聞が福島放送と実施した共同世論調査によると、中学生以下の子どものいる家庭ほど、放射性物質の影響を不安視し、ストレスも感じており、三七％が県外や放射線量が少ない地域へ移り住みたいと回答している（「朝日新聞」二〇一三年三月六日）。

（8）関西学院大学災害復興制度研究所による広域避難一〇年目の調査では、自主避難者の非正規職の割合の増加や収入の悪化など経済的困窮が明らかにされている[斉藤 2021]。

(9) 筆者が二〇一二年から継続して聞き取りをしている自主避難者の証言をもとに記述している。掲載したインタビューは二〇二一年一～六月にかけて個別に採取した。

(10) 福島県生活拠点課「応急仮設住宅供与終了に向けた避難者の住まいの確保状況について」(二〇一七年三月二一日)。
(https://www.pref.fukushima.lg.jp/uploaded/attachment/207755.pdf)[最終アクセス日:二〇二二年七月八日]

(11) 参議院第一八九回国会(常会)答弁書第四号「参議院議員吉田忠智君提出避難者の定義に関する質問に対する答弁書」(二〇一七年二月三日)。
(https://www.sangiin.go.jp/japanese/joho1/kousei/syuisyo/189/touh/t189004.htm)[最終アクセス日:二〇二二年五月五日]

(12) 復興庁は、二〇二二年七月八日に、福島県外避難者の所在確認結果として、八三二七人(三八二六世帯)のうち、六五・二%(五四三〇人、二三五八世帯)の所在が確認できたこと、そのうち一三・三%が帰還の意思がないことを確認したと公表している。所在確認は復興庁が把握する一部の県外避難者に対してであり、自主避難者の総数を示しているわけではない。復興庁「全国の避難者数——福島県外避難者に係る所在確認結果(修正)」(二〇二二年七月八日)。
(https://www.reconstruction.go.jp/20220708_hinansyasyozai.pdf)[最終アクセス日:二〇二二年七月一〇日]

第6章

原子力損害賠償制度の不合理

被害者の異議申し立てと政策転換

除本理史

1　公害事件としての福島原発事故

二〇一一年三月一一日、三陸沖を震源とする東北地方太平洋沖地震が発生した。これにより、福島第一原子力発電所(以下、福島第一原発)に津波が到達してメルトダウンを引き起こし、放射性物質が広範囲に飛散して、深刻な環境汚染をもたらした(以下、この事故を福島原発事故という)。

福島原発事故は、単なる自然災害ではない。政府の規制権限不行使や電力会社の対策不備が引き起こした人災であり、公害事件である。福島第一原発は、津波に対して非常に弱い敷地に建てられていた。原子炉圧力容器や核燃料などを運びやすくし、原子炉冷却水の取水効率を上げるために、海抜三五メートルの高台を約二五メートルも掘り下げたからである。

津波の危険性については、事前に予測も出されていた。国の地震調査研究推進本部は二〇〇二年に長期評価を公表し、福島県沖を含む三陸沖北部から房総沖の海溝寄りの領域において、マグニチュード8クラスの津波地震が三〇年以内に二〇％程度の確率で発生するとしていた。しかし、東京電力(以下、東電)は、この予測を受けて適切な津波対策をとらなかった。国も原発政策を推進してきただけでなく、東電に対して本来なすべき規制を行わなかった[下山 2018; 海渡 2020; 添田 2021]。その結果、きわめて甚大な被害が引き起こされたのである。

原発を推進してきた主体は、国、電力会社、関連業界などを含むいわゆる「原子力村」と呼ばれる利益複合体である。これを構成しているのは、原発を持つ電力会社九社、関連業界、電力関連の労働組合、中央官庁、一部の政治家(国会・地方議員、自治体首長)、原子力工学出身の一部の学者・研究者などだが、中心部分は、やはり電力会社と国(中央官庁と政治家)である[小森 2016]。

2 政府による避難の線引きと賠償・支援策の区域間格差

原発事故による福島県の避難者数は、二〇一二年五月のピーク時に一六万人を超えた。避難者は、原住地(避難元)によって「強制避難」と「自主避難」(区域外避難)に大きく分かれる。ここでは、政府が避難等の指示を出した区域からの避難者を「強制避難者」、それらの区域外からの避難者を「区域外避難者」(自主避難者)と呼ぶ。

政府による避難等の指示は、放射能汚染が及んだ地域をすべて対象とするものではなく、一部に限定されていた。しかし区域内/区域外の違いは、賠償や支援策において大きな違いをもたらす(また区域内にも格差が存在する)。いずれの場合も、同じく原発事故で避難を余儀なくされたのだが、政府の線引きによって地域間格差が設けられており、そのことが避難生活にも大きな影響を及ぼしているのである[除本 2013]。

第5章でみてきたように、区域外では避難等の指示がないために、住民は避難するか留まり続けるかという判断を迫られた。そして、汚染のリスクを避けるために「自主的」に避難をする人も多く現れた(**写真6-1**)。区域外避難者の多くは、汚染の影響を受けやすい子どもや妊婦と、その家族である。夫が避難元に残り、妻と子どもが避難するという世帯分離(「母子避難」)も生じている。また、福島県だけでなくそれ以外の東北地方、あるいは関東のホットスポットなどから避難した人たちもいる。

また、避難をしなかった場合でも、子どもの外遊びを制限したり、食べ物に気を使ったりと生活のあり方が一変してしまった[成編 2015]。こうした状況は時間が経つにつれ変化してきているが、完全に被害が解消されているわけではない。

図6-1は、想定される避難元と避難先の組み合わせを示したものである。東日本大震災と原発事故では、避難の広域性が特徴である。原発事故による避難指示区域の外部(区域外)では、そこに避難をしてきている人がいるのと同時に、そこから避難している人もおり(福島県内の中通りから比較的汚染の軽微な会津地方へ、というようなケースもある)、とくに福島県内の事情は複雑である。

写真6-1　区域外避難への賠償を求めるNGOメンバーら
(2011年7月29日，文部科学省前)
撮影：筆者

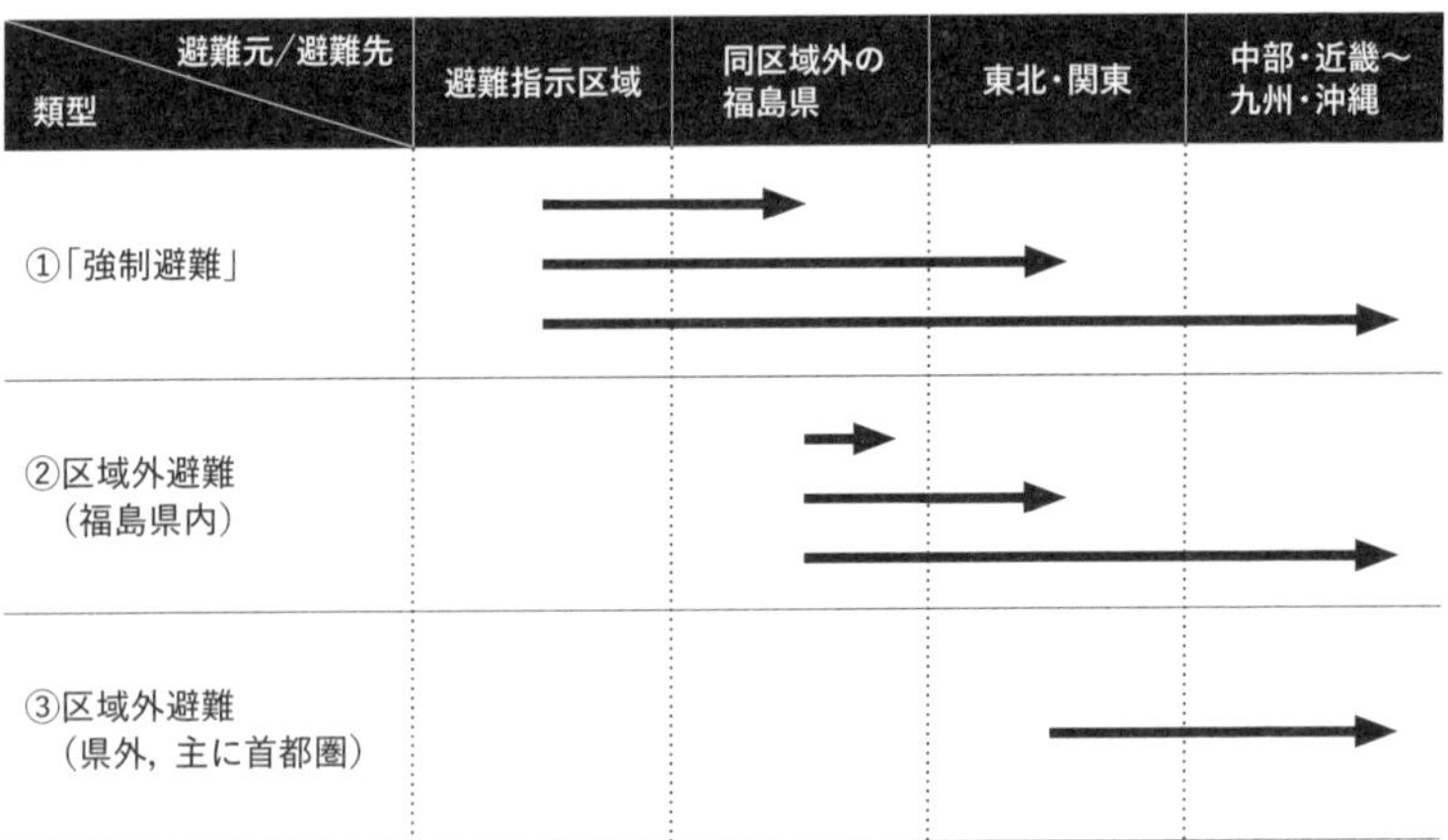

図6-1　原発避難の類型
出所：社会学広域避難研究会による図(『週刊金曜日』2012年7月27日号)をもとに
筆者作成(除本[2013: 29]に一部加筆).

3　原子力損害賠償制度の仕組みと問題点

直接請求方式とは何か

では、なぜ区域間の賠償格差が生じるのか。その仕組みについて述べる。

原発事故の損害賠償は、「原子力損害の賠償に関する法律」(以下、原賠法)に従って行われる。原賠法は、原子力事業者(福島原発事故の場合は東電)が無過失責任を負うものとしている。これは、被害者の救済を図るため、故意・過失の立証を不要とする仕組みである。この制度があるため、四大公害事件などとは異なって、訴訟が提起される前から東電の賠償が始まったのである。

東電による賠償総額はすでに一〇兆円を超えている(ただし、このうち三兆円余りは除染等。二〇二三年六月末までの合意額による)。後述のように重大な問題をはらみつつも、この賠償が被害者の生活再建や被害回復に一定の役割を果たしてきたことは事実である。他方、無過失責任の制度が事故責任検証の「壁」になっていることも否定できない。

原子力事業者が賠償すべき損害の範囲については、同法に基づいて、文部科学省に置かれる原子力損害賠償紛争審査会(以下、原賠審)が指針を出すことができる。二〇一一年八月に中間指針がまとめられ、二〇一三年一二月までに第一次～第四次追補が策定されている(以下ではこれらを指針と総称する)。

原賠審の指針は、東電が賠償すべき最低限の損害を示すガイドラインであり、明記されなかった損害がただちに賠償の範囲外になるわけではない。しかし、現実にはそれが賠償の中身を大きく規定している。

東電は、原賠審の指針を受けて自ら賠償基準を定め、プレスリリースなどで公表する。中間指針が策定されて以降、東電は自らが作成した請求書書式による賠償を進めてきた。この書式に従い、被害者が直接、東電に賠償請求をする方式を直接請求と呼んでいる。直接請求方式では、加害者たる東電自身が、被害者の賠償請求を「査定」する。したがって、東電が認めた賠償額しか払われないが、支払いは早いので、和解を仲介する原子力損害賠償紛争解決センター（以下、原発ADRセンター）への申し立てや訴訟の提起と比べれば、直接請求は利用されることが最も多い請求方法ではある。

❁直接請求方式の問題点

しかし、直接請求方式による賠償には、いくつかの重大な問題がある［除本 2013］。

第一に、指針の策定にあたり、当事者である被害者に対して、参加の機会が保障されていないことが挙げられる。原賠審では、東電関係者がしばしば出席し発言しているのに対し、被害者の意見表明や参加の機会がほとんど設けられてこなかった。被害者からみると、賠償の内容や金額が一方的に提示されてくるのであり、「加害者主導」の賠償と映る。

当事者参加が保障されていないことから、第二に、賠償の内容や金額が被害実態を十分反映していないという問題が生じてくる。そのため、直接請求による賠償は、被害実態からの乖離や被害の過小評価を伴う。

この点では、避難指示区域外の被害が過小評価されていることが典型的な例である。住居や家財は、賠償の有無が避難指示区域の内／外ではっきりと分かれる。慰謝料も、避難指示区域、福島第一原発二〇～三〇キロメートル圏の地域（緊急時避難準備区域）、さらに中通りやいわき市を含む自主的避難等対象区域など、多段階の格差が設けられている。こうした地域間の賠償格差は、住民の実感から乖離しており、納得を得られていない。そのため、住民の間に深刻な分断を生み出している。

また、賠償指針・基準の中身は、金銭評価しやすい部分の賠償に集中している。被害の中でも、みえやすく金銭換算しやすい部分から、賠償の俎上にのせられていく。したがって、被害の全体像を明らかにするためには、相対的にみえにくい、取り残された被害を意識的に捕まえていくことが求められる。

「ふるさとの喪失」は、当事者の実感としては大きいにもかかわらず、第三者の目にただちにはみえにくい被害の典型であろう。避難指示区域などを対象に支払われてきた一人月額一〇万円の慰謝料（避難慰謝料）は、交通事故での自賠責保険の傷害慰謝料をもとに算定されたものである。「ふるさとの喪失」はこの慰謝料の対象から外れている。

4 「ふるさとの喪失」とは何か

原発事故の被災地（主に浜通り地域を念頭に置く）は、自然が豊かな農業的地域であり、そこから生業と暮らしの複合性・多面性・継承性というべき特質が生じる。また、キノコや山菜採り、川魚釣り、狩猟など、自然の恵みを享受する「マイナー・サブシステンス」が、暮らしの豊かさにとって重要な意味を持っていた。さらに、住民は行政区などのコミュニティに所属することにより、そこから各種の「地域生活利益」を得ていた［淡路 2015: 21–25］。

こうしたライフスタイルには、都市部の生活とは異なり、ただちには貨幣的価値として現れない暮らしの豊かさがある。近年はそうした「地域の価値」が都市部の消費者に評価されるようになり、産直や都市農村交流などを通じて、経済的価値とも結びつきつつあった［除本・佐無田 2020］。原発事故による環境汚染と大規模な住民避難は、こうした地域のありようを破壊した。人と人との結びつき、人と自然との関係性が解体され、人びとは避難元の生業と暮らしを支えていた諸条件を奪われたのである。筆者らはこれを「ふるさとの喪失（または剝奪）」被害として論じてきた［除本 2016: 21–80; 関 2019］。

「ふるさとの喪失」被害の回復には、次の三つの措置がいずれも必要である。

第一は、地域レベルの回復措置であり、国や自治体の復興政策がそれにあたる。この主軸をなすのは、除染やインフラ復旧・整備などの公共事業である。しかし、これらの施策により避難指示解除が進んでも、震災前の暮らしを取り戻すのはきわめて困難である。

第二に、地域レベルでの原状回復が困難であれば個々の住民に「ふるさとの喪失」被害が生じるが、そのうち財産的な損害（財物の価値減少、出費の増加、逸失利益を含む）は金銭賠償による回復が可能である。例えば土地・家屋は、経済活動や居住のスペースとしてみれば、再取得価格の賠償を通じて回復しうる。

しかし第三に、金銭賠償による原状回復が困難な被害も多い。不可逆的で代替不能な絶対的損失が重要な位置を占めるのであり、その点が「ふるさとの喪失」被害の特徴である。この絶対的損失に対する償いが「ふるさと喪失の慰謝料」である。

5 被害者の異議申し立て

◉集団申し立てが直面する困難

「加害者主導」の賠償に対する被害者の異議申し立ても始まっている。まず、原発ＡＤＲセンターへの申し立てがある。とくにここでは、賠償格差の是正や被害実態に即した賠償を求め、地域住民が集まって原発ＡＤＲセンターに対して申し立てを行う、集団申し立ての取り組みについて述べたい。

集団申し立ての重要なテーマの一つが、「ふるさとの喪失」に対する賠償を認めさせることであった。例えば、約三〇〇〇人が参加した飯舘村（いいたてむら）の申し立てでも、「生活破壊慰謝料」という形で

「ふるさと喪失の慰謝料」が請求項目として取り上げられた。この中心メンバーの一人である菅野（かんの）哲（ひろし）さんは、自伝で申し立てに至った思いを綴っている［菅野 2020］。

飯舘村は、住民自治と地域づくりの努力を長年積み重ねてきたことで知られる。菅野さんは村の職員として、そこに深く関わってきた。飯舘村の人びとの暮らしは、村民の長年に及ぶ営みの蓄積があったからこそ成立していた。例えば土地である。菅野さんも、両親の開拓した農地を引き継いで、そこに銀杏を植え、多くの高原野菜をつくり、成果を次の世代に手渡そうとしていた。土壌はもちろんのこと、風土や景観、文化、あるいは村民同士の深い結びつきといったものが、すべて人びとの営みの積み重ねによるものであり、村民の生活を成り立たせるうえで不可欠の条件だったのである。

こうした条件の一切を奪われたことが、「ふるさとの喪失」であり、原発事故被害の核心である。これらはただちには金銭的な損害としては現れない。しかし重大な「生活価値」の破壊であり、損害賠償請求の対象とされるべきだ。そこで、菅野さんたちは二〇一四年に「飯舘村民救済申立団」を結成し、加害企業に対する「生活破壊慰謝料」の請求という形で、この被害を可視化しようとしたのである。

これは単に被害を受けたことへの償いを求めるというだけでなく、将来に向けた生活再建の原資である。菅野さんは、村民の生活再建とふるさと再生の道筋について、次のように述べる。

「小さい規模であってよいから、飯舘農民が故郷を見守りつつ、故郷とは離れた土地で、〈農〉という生業の本質に立ったコミュニティを築き、何十年先になるかわからないけれども、故郷の放

表6-1　和解仲介手続きの打ち切り事例（福島県内）

	区域	申立人数	打ち切り時
浪江町	①・②・③	約6,700世帯，約1万5,700人	2018年4月5日
飯舘村蕨平	②	27世帯，89人	2018年5月28日
飯舘村比曽	②	57世帯，217人	2018年5月28日
飯舘村前田・八和木	②	38人	2018年5月28日
飯舘村	①・②・③	3,070人	2018年7月5日
伊達市月舘	④	417世帯，1,277人	2018年8月13日
川俣町小綱木	④	179世帯，566人	2018年12月20日
福島市渡利	④	1107世帯，3,107人	2019年1月10日
相馬市玉野	④	139世帯，419名	2019年12月19日
福島市大波，伊達市雪内・谷津	④	409世帯，1,241人	2019年12月25日

注：「区域」の①は帰還困難区域，②は居住制限区域，③は避難指示解除準備区域，④は自主的避難等対象区域.
出所：原発賠償シンポジウム「原発ADRの現状，中間指針の改定，時効延長の必要性について」（日本弁護士連合会主催，日本環境会議共催，2019年7月27日）配布資料，原発被災者弁護団「福島市大波地区，伊達市雪内・谷津地区集団ADR申立」（2014年11月18日），同「福島市大波地区，伊達市雪内・谷津地区の東電和解案拒否打切りについて」（2020年4月14日），ふくしま原発損害賠償弁護団（渡邊真也事務局長）への照会（2020年8月実施）などより筆者作成.

射能汚染が危機を脱するようになったら、もう一つの村で大切に守り育ててきた〈農の原点〉に立った農業を携え、故郷の土地に帰還したいと思う」［菅野 2020: 39］。

しかし、住民に共通するこうした損害の提起に対して、原発ADRセンターはきわめて消極的であり、自らの業務を「個別具体的な事情」の考慮に限定するかのような姿勢を示している［原子力損害賠償紛争解決センター 2015: 19–20］。さらに東電が和解案を拒否し、和解仲介手続きが打ち切られるケースも増えている。二〇一八年以降、福島県内の集団申し立て一〇件（筆者の把握しえたもののみ)が打ち切られ、二万五〇〇〇人以上に影響が及んだ(表6−1)。このように、集団申し立ての取り組みは、きわめて困難な局面にある。手続きが打ち切られた浪江町の事案では、申し立てを行った住民の一部が新たに集団訴訟を開始している。

◆集団訴訟の動向

二〇一二年一二月以降、集団訴訟が全国各地で起こされている。約三〇件にのぼる訴訟で、原告数は一万二〇〇〇人を超えた(二〇一六年三月時点)(表6−2)。図6−1に示したような避難類型の多様性などもあり、原告の構成や請求内容はさまざまであるが、全体としてみれば、原発事故の深刻な被害を明らかにし、その実情を十分に反映した賠償や、環境の原状回復を求める取り組みだといえる。

これらの集団訴訟において、二〇一七年三月に最初の地裁判決が出された。かなり温度差はあるものの、多くの地裁・高裁判決に共通するのは、賠償指針・基準で十分とするのではなく、独自に判断して損害を認定していることである。

しかし、問題点や課題も多く残されている。賠償認容額が賠償指針・基準の枠を大きく超えず、低い水準にとどまっていることが、まず大きな問題である。とくに避難指示区域外の慰謝料は低額である。

避難指示区域等に関しては、「ふるさと喪失の慰謝料」が裁判で認められつつある。二〇二〇年三月に出された二つの高裁判決は、東電に「ふるさと喪失の慰謝料」などの賠償を命じた。とくに三月一二日の仙台高裁判決は一審判決に比べて総額約一億二〇〇〇万円を上積みした（写真6‒2）。これらの二判決は、二〇二二年三月七日に最高裁が東電の上告を退けることによって確定した。認容額が原告の訴えを十分に受け止めたとはいいがたい水準にとどまっていることなど、問題は残るものの、賠償指針・基準の限界が明らかになったのである。

二〇二〇年九月三〇日には、最多の原告を抱える「生業訴訟」で仙台高裁の判決が出され、国の責任について高裁レベルの判断が初めて示された。判決は、一審に続いて、国の責任を明確に認めた。また、東電の防災対策の問題点を厳しく指摘し、慰謝料の算定にあたって考慮すべき要素の一つとした。さらに同判決は、避難指示区域外について、認容額は依然として低水準であるものの、会津地方や福島県外を含めて、一審で認められなかった地域にも賠償を拡大した。本件で最高裁は二〇二二年三月二日、東電の上告を退ける決定を下し、約一四億円の賠償責任を確定さ

表6‒2
福島原発事故被害者の集団訴訟

地裁	訴訟数	原告（人）
札幌	1	256
仙台	1	93
山形	1	742
福島	9	7,826
前橋	1	137
さいたま	1	68
千葉	2	65
東京	5	1,535
横浜	1	174
新潟	1	807
名古屋	1	132
京都	1	175
大阪	1	240
神戸	1	92
岡山	1	103
広島	1	28
松山	1	25
福岡	1	41
計	31	12,539

注：福島地裁は2支部を含む．
本表は2016年3月時点のものであり，その後に提起された訴訟もある．
出所：「毎日新聞」2016年3月6日付掲載の表より筆者作成．

写真6-2　勝訴を報告する「福島原発避難者訴訟」の原告団・弁護団（2020年3月12日，仙台高裁前）
撮影：筆者

せた。

原賠審の指針は、「最小限の損害」を示すガイドラインだが、そこでカバーされていない損害について賠償を命じる司法判断が定着すれば、当然、それにあわせて指針も改定されるべきだ。原賠審は二〇二二年四月、前月の最高裁決定を受けて、指針見直しの検討に着手し、同年一二月、九年ぶりに追補の策定がなされた。「ふるさと喪失の慰謝料」を含め、被害実態を踏まえて多少なりとも賠償が前進したのは望ましいことだが、遅きに失したとの批判もある。また、避難指示区域外の賠償増額はわずかで、今後に大きな課題を残した。原賠審は引き続き、被害実態に即した指針の見直しを続けるべきである。

国の責任について高裁レベルでは、四件のうち三つの判決が国の責任を認めていた。ところが最高裁は、二〇二二年六月一七日、これら四件について、国の責任を認めないとする判決を出した。ただし、四人の裁判官のうちの一人（三浦守裁判官）は、国の責任を認めるべきだという反対意見を付しており、この点に注目が集まっている。国の責任についても、後続の訴訟で引き続き争われる。

6　政府の復興政策を問う

◆福島復興政策に何が欠落しているのか

集団訴訟は、賠償や原状回復を求めるだけでなく、政府の復興政策の問題点を明らかにし、その見直しを求めることも課題としている。福島原発事故の発生から一〇年以上が過ぎたが、被災地の復興には長期の政策的対応を要する［川﨑編 2021］。残された課題は、福島第一原発の廃炉・汚染水対策、除染廃棄物の中間貯蔵と最終処分、除染対象外とされた広大な山林の汚染、帰還可能となった地域での産業や暮らしの復興、帰還困難区域における除染や避難指示解除、長期避難者の生活再建など、数多い。これらは単に放射性物質の半減期が長いというだけでなく、これまでの復興政策に重大な欠落があるために生じているという面が大きい［丹波・清水編 2019］。

避難指示の解除が拡大し、たしかに住民は帰還できるようになった。しかし、暮らしの回復は進んでいない。商業施設などもできて生活基盤が整ってきたようにみえるが、住民同士のつながり（コミュニティ）など、目にみえにくい部分で回復が遅れている。

前述のように、福島原発事故の被災地は全体として農業的な色彩が強い。農業用水の管理などでは、コミュニティによる共同作業が重要な役割を果たしていた。伝統や文化もコミュニティの中で継承され、またそれらの持つ精神的価値が、人びとを相互に結びつける役割を果たしていた。

しかし帰還が進まないために、以前より少ない人数で、農地管理や共同作業などをこなさなければならない。そうした営みの基盤となるコミュニティ再生の課題が浮上しているのだが、政府の福島復興政策はこの点が弱い。

こうした問題が生じるのは、原発事故被害のとらえ方が狭いからである。東電の賠償でもそうだが、生活再建といっても住居など一部の条件に目が向けられがちである。山菜・キノコ採りなどの「マイナー・サブシステンス」は、住民の暮らしに根づいた大事な活動であり、山林は生活圏だった［金子 2015］。しかしそのことは重視されず、前述のように山林の除染はほぼ手つかずのままである。生業と暮らしを回復し「ふるさと」を再生していくためには、まず失われたものの総体を明らかにし、その重要性を再確認する作業が不可欠である［藤川・石井編 2021］。

◈政策転換に向けて

東日本大震災における復興財政の特徴は、ハードの公共事業に重点が置かれる一方、被災者支援に充当されている割合が低いことである。福島復興政策でも、個人に直接届く支援施策より、除染やインフラ復旧・整備などが優先される傾向がある［宮入 2015; 藤原・除本 2018］。

そもそも政府は、自然災害において家屋など個人財産の補償は行われるべきではなく、自己責任が原則だという立場にたつ［山崎 2013: 229］。原発事故に関しても、福島復興再生特別措置法第一条にみられるように、政府は原子力政策に関する「社会的責任」は認めるが、規制権限を適切に行使しなかったことによる法的責任（国家賠償責任）は認めていない。そのため復興政策では、個人に直接届く支援施策よりも、インフラ復旧・整備などが優先される傾向がある。

このような特徴をもった復興政策は、さまざまなアンバランスをもたらす。こうしたアンバランスを、筆者は「不均等な復興」(あるいは「復興の不均等性」)と表現してきた[除本・渡辺編 2015: 除本 2016: 170–176]。

例えば、復興政策の「恩恵」を受けやすい業種と、そうでない業種の格差がある。復興需要は建設業に偏り、雇用の面でも関連分野に求人が集中する。また、被害者の置かれた状況によっても、違いが出てくる。避難指示が解除されても、医療や教育などの回復が遅れているため、医療・介護ニーズが高い人や、子育て世代が戻れないという傾向がみられる。避難者が戻れなければ、小売業のように地元住民を相手にしていた業種では、事業再開が困難になる。

したがって、被害の実態を十分に把握するとともに、一人ひとりの生活再建と復興が可能になるよう、きめ細かな支援策を講じていくことが強く求められる。そのためにも、国と東電の責任解明がきわめて重要である。

戦後日本の公害問題を振り返れば、この点が理解されよう。例えば、四日市公害訴訟の原告はたった九人であった。裁判で加害企業の法的責任が明らかになったことから、一九七三年に公害健康被害補償法がつくられ、一〇万人以上の大気汚染被害者の救済が実現した。このように公害・環境訴訟は、加害責任の解明を通じて、原告の範囲にとどまらず救済を広げ、あるいは被害の抑止を図る制度・政策形成の機能をも果たしてきた[長谷川 2003: 108–109; 淡路ほか編 2012]。原発事故被害者の集団訴訟も、この経験を踏まえて、賠償や復興政策の見直し、それらを通じた幅広い被害者の救済と権利回復を目指しているのである。

第7章

農林水産業は甦るか

条件不利地の葛藤と追加的汚染

小山良太

1 はじめに

二〇一一年三月一一日に発生した東日本大震災からの復興は、震災後一〇年以上を経過し、新たな段階に差しかかっている。復興庁によると、その被害状況はほぼ回復という評価がなされている［復興庁 2020］。発災当時、約四七万人いた避難者は二〇二〇年には四万二〇〇〇人まで減少し、被災三県（福島・宮城・岩手）における津波被災農地の営農再開率九四％、漁業産出額回復率九七％、製造品出荷額は復興需要の増加もあり三県ともに一〇〇％を超える回復率となっている。しかし、地震・津波に加え原子力災害の被害地域となった福島県においては、農地の復旧率（除染を含め営農再開可能な農地）五五・六％、漁業産出額回復率四六・七％に留まっている［福島県 2020］。これは放射能汚染に伴い、長期間に及ぶ避難、放射性物質検査の実施、作付制限・出荷自粛、試験栽培・試験操業など、原子力災害特有の被害を回復させることの困難性を表しており、まさに「社会変動」を体現している。

放射能汚染による社会変動を経験した地域産業の損害は三つの枠組みでとらえられる［小山・小松編 2013］。

第一はフローの損害である。これは、作付制限対象となった農産物、出荷制限となり生産物が販売できなかった分の経済的損失及び「風評被害」等による取引不成立や価格の下落分の損害である。原発事故以前（二〇一〇年）の福島県の農業粗生産額は約二三三〇億円であったが、事故後（二〇一一年）は一八五一億円と減少し、二〇一八年には二〇七七億円まで回復している。この間の損害賠償額は約三〇三〇億円であり、作付制限・出荷制限に伴う賠償のほか、農地を利用できない期間の賠償も含まれる。

第二はストックの損害である。これは、物的資本、生産インフラの損害であり、農地の放射能汚染、避難による施設・機械の使用制限などが含まれる。二〇一三年度より、東京電力による財物賠償が開始されたが、減価償却が終了した農機具などは一括賠償の対象となり、再購入価格には程遠い賠償額が査定されてしまうという問題を抱えている。

重要なのは、第三の社会関係資本の損害である。これまで地域で培ってきた産地形成に関わる投資、地域ブランドなど市場評価を高めるための生産部会活動、農村における地域づくりの基盤となる人的資源やそのネットワーク構造、コミュニティ、文化資本など多種多様な社会関係資本が損害をこうむり、地域社会は危機の段階から変動を前提とした構造に変化した。避難指示区域では、十数年に及びこれら地域資源・社会関係資本を利用することができない。この損失分をどのように測定するか、対策としてどのように穴埋めするか、このことはきわめて重要な問題となる。二〇二三年時点では、原子力損害賠償紛争審査会[1]でもまったく手つかずの状況である。

原発事故という「危機」を経験し、福島県の被災者・住民はさまざまな局面で分断されてきた。放射能のリスクに関する考え方、事故直後に避難したのかしなかったのか、福島県産農産物を食べるのか食べないのか、福島で子育てを行うのか、避難指示解除区域に帰還するのか避難を継続するのか、賠償金をもらっているのかいないのか。さまざまな場面で分断が継続・深化している。それぞれ異なる意見を一つにまとめるためには時間がかかる。原子力災害の最大の損害は再生の準備のための時間を奪ったことにほかならない。緊急時の復旧段階から本格的な復興段階に移行するにあたり、このような損害と損失、損害の現象形態を整理したうえでの復興政策の策定が必要である。

そこで本章では、原子力災害発災一〇年を機に検討された放射能汚染対策、放射性物質検査体制の転換に対し、この間の「風評被害」状況及び流通構造の変化を踏まえた新たな検査制度、産業振興政策の構築とそれに基づく産地形成のあり方を検証する。そのためには震災後一〇年余の間に何が損なわれ、何が回復可能であったのか、原子力災害の損害構造を明確にすることが必要であり、原子力災害に伴い実施されたさまざまな事業、補助の総括を行うことが求められる。震災前には戻れない福島の産地において新しい産地と流通システムを構築するための基礎資料の作成が急務である。

2　土壌汚染測定・試験栽培の取り組み

筆者が所属する福島大学は、福島第一原子力発電所事故後、福島大学うつくしまふくしま未来支援センターを中心に関係研究機関と連携しながら原子力災害の損害構造の解明、食料・農業生産の再生に向けての試験研究を実施してきた（二〇一一年五月～）。筆者は、同センター産業復興支援部門として、農地の放射性物質分布マップの作成、作付制限地域における試験栽培の実施と作物への放射性セシウム移行メカニズムの解明、吸収抑制対策の効果の検証を組織的に推進してきた。放射能汚染地域における食と農の再生には、自然の物質循環サイクルにおける放射性物質の挙動の分析と、農地・営農環境・作付作物ごとの移行メカニズムの解明が必要である。そのうえで作物ごとのリスク評価、リスクレベルに合わせた吸収抑制対策の実施と検査体制を設計し、それを認証する仕組みが必要であった。これまでの成果と提言は日本学術会議において発表した［日本学術会議 2013］。

課題となってきた食品と放射能に関する「風評」被害問題は、一方的に「安心してください」と情報を押しつけることではなく、消費者が安心できる「理由」と安全を担保する「根拠」を提示することが必要である。安全の根拠は、①営農環境における放射能汚染実態、②植物体への移行メカニズムの解明とそれに合わせた吸収抑制対策の実施状況、③リスクに応じた検査体制の確立と認証制度をもとに構築することが必要である。なぜなら、消費者の六三・〇%が放射性物質検査の実施自体を認知していないという状況が存在している[消費者庁 2023]。このことは風化が進んだ結果ともとれるが、安全の根拠が明確に浸透していない状況で風化が進むことは、課題となっている廃炉と汚染水問題における漁業への風評問題にも通じる課題である。放射能汚染対策と検査体制の到達点を示す必要がある。

3 放射能汚染対策の推移

日本の放射能汚染対策の困難性は、自然の物質循環システムに放射性物質が入り込んだことに起因する。一九八六年に起きたチェルノブイリ原発事故の影響を受けたウクライナ共和国やベラルーシ共和国と比較して、日本は土壌条件・地形などの自然条件が異なっている。当該地域は牧草地・畑地を中心とした平坦な地形で、降雨量は少なく、山間地もほとんど存在しない。日本のように四季があり、降雨量も多く、人口密集地域・立体的地形(中山間)・水田農業という条件下で生じた原子力災害に対しては新たな対策が必要であった。日本の水田農業における物質循環系を考慮すると、農地の表土を剝(は)ぐといった物理的な除染だけでは、汚染リスクを根絶できない。

また、水田におけるセシウムの土壌汚染度と、その水田で生産される玄米に含まれるセシウム含有量には相関関係がないという研究成果が出されている[福島県・農林水産省 2013]。玄米には土壌から移行する放射性物質もあるが、それに加えて、山林から溶脱(ようだつ)し用水などを通じて付加される水溶性セシウムや、圃場（ほじょう）の有機物が分解されることで付加されるセシウムなど、作物に放射性物質が移行するプロセスは複数あることが解明されつつある［根本編 2017］。二〇一二年度から実施してきた作付制限地域における試験栽培では、農産物への放射性セシウム吸収のメカニズムの解明、土壌分析と施肥設計によるセシウム低減資材の検証、移行しやすい水田環境の特定（里山、沢、地質など）が行われ、現在も検証過程にある。つまり、農地ごとに、放射性物質による汚染状況や土壌の特性を解明することで、そこで生産される農産物に応じた放射性物質の吸引材の活用法等、有効な放射能汚染対策を設計することが可能となった。福島県では営農環境ごとのリスクの相違に基づく検査体制の構築と県レベルでの認証システムを設計してきたのである。

これら個々の研究成果は各研究機関それぞれが発表するという場合が多かったが、研究成果の統合が必須であった。そこで既存の研究成果を統合し、被災地で効果的に運用する仕組みを構築するため、二〇一九年四月、福島大学では新しい農学系研究教育組織として食農学類を設置し、放射能汚染対策の検証とそれを踏まえた新たな産地形成に関する研究を実施している。

4 震災一〇年目の福島県農業の到達点

食品中放射性物質検査はモニタリング法に基づくサンプル検査が基本であるが、福島県のみ独自の「全量」検査を実施してきた。米は水田を利用する作物であり、二〇一一年の事故初年度はさまざまな要素の影響を受け作物中の放射性物質濃度の分散が大きかったこととその要因が明らかになっていなかったため、全農地、全農家、全玄米を検査することとなった。水田の放射能汚染実態と収穫された米における放射性物資移行メカニズムが解明されていなかったため、米だけは特別の検査を実施してきたのである(写真7―1)。

しかし、事故当時の農業用水の影響や土壌中カリウムの欠乏がセシウムの吸収を促すことなど、さまざまな試験研究の成果が蓄積され、作付制限、農地の除染、カリウム散布(標準施肥量)による吸収抑制策など、生産面での対策が強化された。その結果、栽培レベルで安全性を確保することが可能になった。つまり、福島県産米は「入口」の段階で安全性を担保し、流通経路にのる「出口」段階でさらに全量全袋検査を行い、安全と安心を担保するという二段階の仕組みとなっているのである。本来、消費者と流通業者は米に放射性物質が混入していないという安全性の担保を求めており、それは「入口」で確実に実施されるものである。その実効性をモニタリング検査(サンプル方式)で確認するのが安全性確保の考え方である。入口における生産段階での対策が確立していなかった当時、やむなく出口において全量全袋検査を実施し、検査漏れを防ぐ対策を施してきた。

福島県産農産物に関して、米は毎年約三五万トン、一〇〇〇万袋以上を全量検査し、米以外の果樹、野菜、畜産物等は毎年二万検体を超えるモニタリング検査を実施してきた。その結果、山菜、キノコなど野生植物を除く作物では、放射性物質の基準値を超えるものはなくなり、検出限界を超えるものもほぼ見られなくなった。これは農地の除染、カリウムの施肥などの吸収抑制対策、移行係数の高い作物から作付転換、過去に放射性物質の検出された農地等における作付自粛など、福島県においては、結果として総合的な対策が自主的に実施されてきた成果である。

原発事故の直後から考えると、当時はどこにどれくらい放射性物質が存在するのかが不明なまま、既存の法律のもとに作付制限や流通対策が施されたため対策漏れが生じ、基準値超えの農産物が出荷されてしまった。これが風評問題を拡大する結果となった。そこで、二〇一二年度より新しい放射能汚染対策として農地の測定が行われ、空間線量については全地域、一部地域では農地内の放射性物質の含有量、さらには土壌成分の分析も行われるようになった。このような農地

写真7-1　JA福島みらいの全量全袋検査（2012年12月）.
この年から1,000万袋30万トン以上の全量検査が始まった
撮影：筆者

写真7-2
福島市花見山周辺の農地測定「土壌スク」（2012年4月）.
1年半かけて福島市全10万地点の農地汚染マップ作成を
農協，生協，大学の共同で実施
撮影：筆者

の測定事業をベースに、土壌中一〇〇グラムあたり二五ミリグラムのカリウムが存在するとセシウムの吸収が抑制されるという研究成果を反映した吸収抑制対策が行われるようになったのである(写真7-2)。

米の全量全袋検査は、検査制度として適正かどうかに関してはさまざまな意見があるが、一定の成果があったと考えられる。流通面において、既存のモニタリング検査では流通業者や消費者に短時間で説明することが困難であった放射性物質検査の基準やモニタリング方法、統計的意味、放射能自体のリスクなどについて、全量を検査しているという一言で説明できる検査システムに転換したことにより、説明力が飛躍的に増加した。農協の販売担当者や県の担当課、農業者は放射性物質の専門家ではないため、事故後に修得した知識をもとに、検査のリスクと安全性を説明しなければならない状況であった。この問題を全量全袋検査という大がかりな制度設計によって克服したのである。

さらに生産面では圃場の管理や生産履歴、経営状況などデータベースが整備されるきっかけにもなり、福島県が推進しているGAP(Good Agricultural Practice:食品安全、環境保全、労働安全等の持続可能性を確保するための農業生産工程管理の認証制度)対策の基盤になっているのである。

5 風評被害問題と市場構造の変化

原発事故とそれに伴う放射能汚染問題によって、現実に福島県産農産物のブランド価値が低下している。二〇二三年現在の福島県産農産物の状況は放射能汚染による風評被害というよりは市場構造の転換であり、福島ブランドイメージの下落である。放射能リスク情報によるリスク・コミュニケーションや福島応援といった風評対策だけでは対応できない段階に突入しているのではないか。

そのことを反映する「市場における評価」は、取引総量や取引価格にとどまらず、取引順位にも現れている。全農福島の調査では、卸売市場における福島県産農産物の産地評価は震災前に比べ大幅に低下している。(2) 具体的には卸売市場では他県産の農産物が豊富にあるときはそちらを優先し、他県産の出荷が減少したときにやむなく福島県産の取引が成立するという、取引順位の低位化の問題である。これはまさしく福島ブランド（産地評価）が毀損されたことを示しており、流通過程における風評被害であり、風評被害も含めた原子力災害による損害の結果、市場構造が変化したことにほかならない。野菜や果物のように季節性の農産物は、取引時期が限定されるため（旬の時期がある）、その時期に取引が成立しやすい。そのため、桃やキュウリなど福島県を代表する果樹園芸作物は価格が戻りやすかった。しかし、穀物（米）や畜産物（牛肉）は貯蔵性の農産物であり、通年で取引がなされ、他産地との競争も常時行われるため、産地間競争の結果、価格差が生じやすいという特徴がある。

図7‐1は、和牛（生体枝肉）の価格推移（東京都中央卸売市場、月次平均）を福島県産と全国平均で比較したものである。原発事故前の二〇〇六年一月から二〇一一年二月までの価格差を平均すると六七円にとどまっており、全国平均と福島県産の和牛の価格水準に大きな差はない。しかし、原発

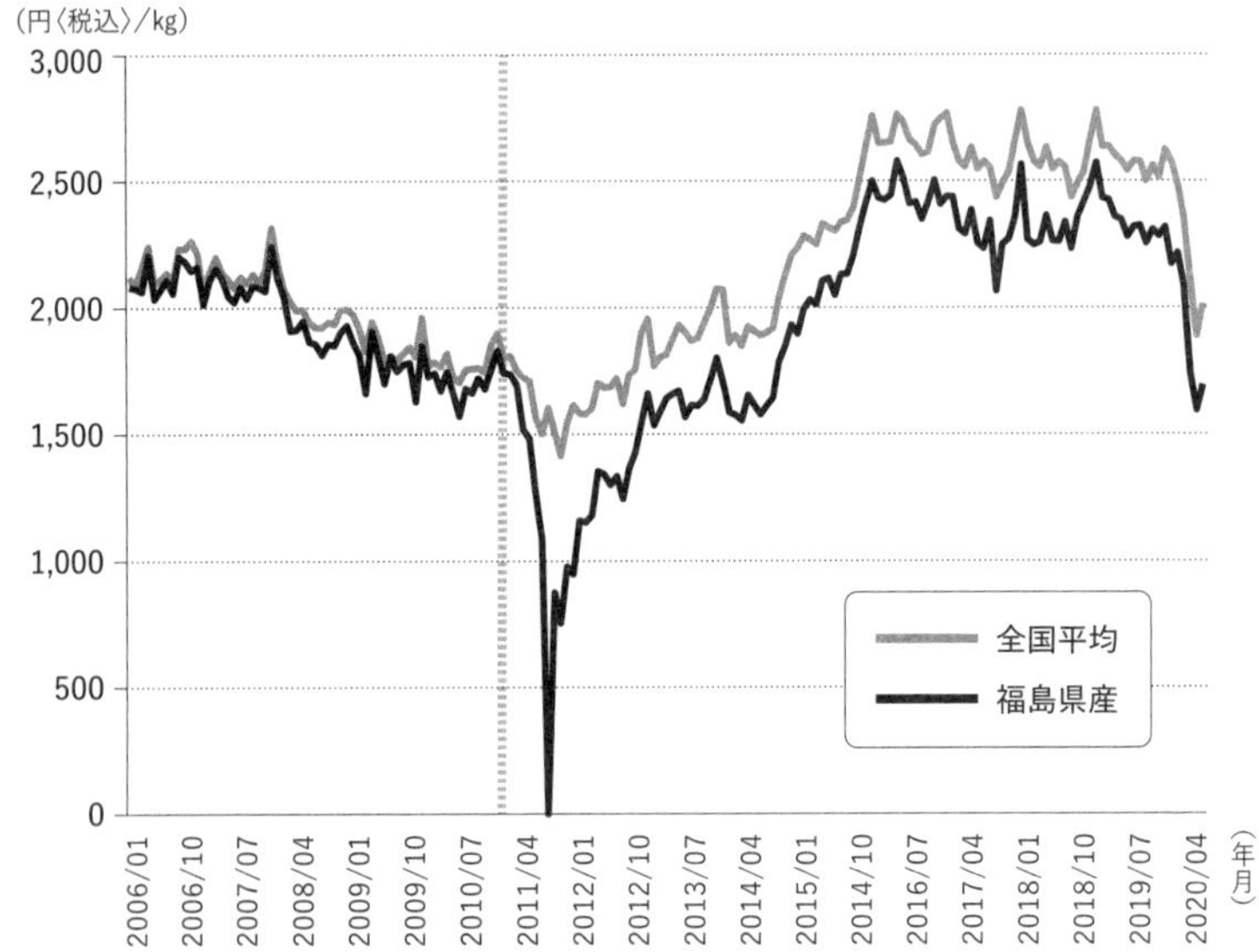

図7-1　全国平均と比較した福島県産和牛価格の推移

出所：東京都中央卸売市場「市場統計情報（月報・年報）」各年版をもとに筆者作成.

事故後の二〇一一年四月以降の価格差の平均は二八七円（最大六六六円〔二〇一一年一二月〕、最小一一九円〔二〇一八年一〇月〕）にも広がっている。原発事故前に全国平均と最も価格差があった二〇〇九年一一月（一七九円）よりも価格差が小さいのは、原発事故後、二〇一八年一〇月の一一九円くらいであり、事故後、全国平均との価格差が広がっているのがわかる。つまり、事故前の福島県産牛は全国平均と同じか平均を少し下回る価格帯の牛肉として取り引きされていたのが、事故後は平均で全国平均を二八七円下回る産地として定着してしまっているのである。このことは市場評価が低位に位置づいていることを示している。

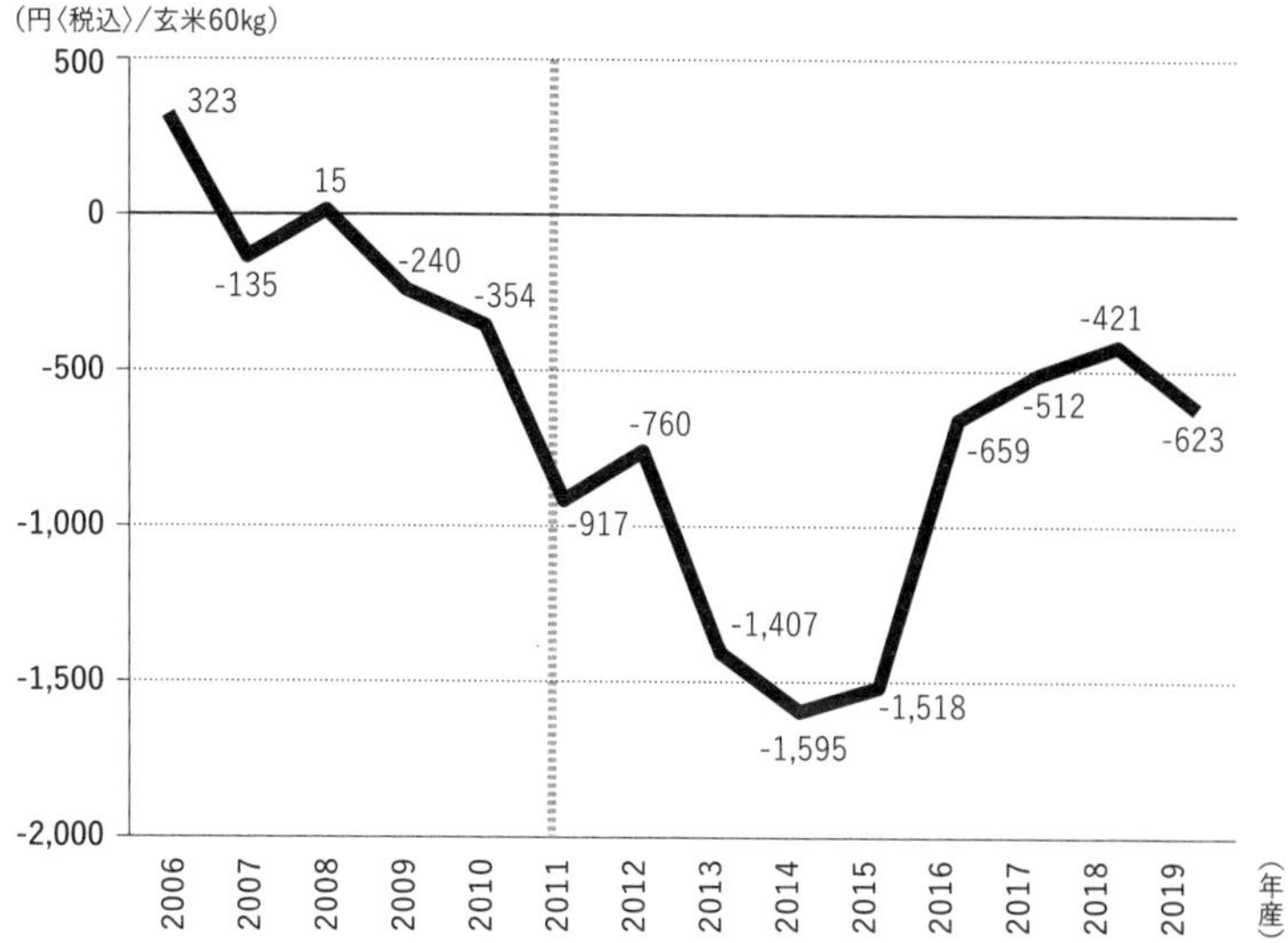

図7-2　全国平均と比較した福島県産米の相対取引価格差の推移

出所：農林水産省「米穀の取引に関する報告」各年版をもとに筆者作成.

図7-2は、全国平均と比較した福島県産米の相対取引価格差の推移を示したものである。原発事故前の二〇〇六年産から二〇〇九年産の平均価格は、福島県産と全国平均にほとんど差がない。二〇〇六年産と二〇〇八年産に至っては、福島県産の方が全国平均よりも平均価格を上回っている。二〇一一年の原発事故前は、福島県産米と全国平均は近似しており、福島県の米産地としての評価は安定していた。

事故直後の二〇一一年に、福島県産米は全国平均から九一七円と大幅に価格が下落した。さらに二〇一三年産から二〇一五年産の三か年平均で、福島県産米は全国平均より一五〇七円とさらに大幅に下落している。

二〇一六年産以降の価格差は縮小しているが、原発事故前の水準には回復していないのが現状である。

日本の米の総需要量（政府米在庫を除く）は七四七万トン程度であり、需給が逼迫すると福島県産米の価格も全国平均水準に近づく。供給量が増えると、良食味米産地が優先的に取り引きされ、ブランド価値の低い産地取引は後回しになる。その市場評価が低位な産地として福島県が位置づいてしまっているのである。このことは、産地ブランドの毀損と市場評価の下落という原子力災害による最大の損害であり、今後も継続しうる課題である。この市場における産地評価を回復するためには、震災前以上の厳しい安全性を担保する仕組みとそれを組み込んだ新たな産地形成が求められる。

この点に関して、福島県産農産物における風評被害の状況を示す誤った考察としてよく指摘されることが、総量として買い控えが少ないということは、福島産の農産物が安全であることを多くの消費者が理解しているという指摘である。(3) つまり、売れている、取引が成立しているのだから風評問題は解消したという指摘である。しかし、この指摘には重大な欠陥がある。すなわち、出荷量の変化が少ないことから総量として買い控えが少ないことと、総量として買い控えが少なかったことは風評被害がなかったことの証明にはならない。

現行の原子力賠償制度においては、出荷しなければ賠償を受けられないという問題があり、そのために「売れる／売れない」にかかわらず農産物が出荷されてしまうという現実を正しく理解しておかなければならない。出荷量が維持されるケースは、さまざまな要因が組み合わさった結果である。すなわち、福島県内の農業生産者や農協をはじめとした流通業者が、原子力災害及びその風評によって失われた販路を再開拓し、出荷量の維持のため「福島応援」やさまざまな「風評対策」イベントを打ち、必死に、売場の確保の努力を積み重ねてきた結果である。「総量として買い控えがないことから、福島県産の農産物が安全であることを多くの消費者が理解している」とする主張は、「福島支援の観点からの消費」(応援消費)が無視できない量であるという流通現場の実態を反映していないものである。

現行のリスク・コミュニケーションや風評対策予算における流通イベント等の必要性自体は否定しない。しかしながら、現状のままで問題はないとの認識から風評被害の問題を消費者の理解の低さだけに求めるような考え方には、疑問を持たざるをえない。たしかに食の安心は心理的な要素があり、安心の基準については多様な考え方もある。しかし消費者の間では、福島産の農産物が安全であるという確信が持てず、安心できない状況のなかで、結論ありきで、安心を押しつけるようなリスク・コミュニケーションのあり方が受け入れられないといった状況もあり、十全に機能していないあるいは誤って実施されている懸念もある[関谷 2018]。

価格下落分を賠償する現行の枠組みでは、価格低迷から脱却できない。今後は個人への賠償だけではなく、その予算を産地対策に充てる新たな復興予算の編成が必要ではないかと考える。効果の薄いイベントや広告等の風評対策予算も、産地・流通対策に切り替えるべきである。(4) このことは、他の産地と比べ放射能が降り注いだことに伴う条件不利地域対策ともいえる。

これからは風評被害対策ではなく、新しいマーケットを開拓する販売方法や商品開発が必要になる。マイナスの産地ブランドをプラスに変えるには、生産段階に対し思い切った対策も必要である。

6 福島県農業の復興の課題——流通対策から生産認証制度へ

この一〇年に及ぶ福島県における放射能汚染対策は、農家段階における生産管理の意識を高める結果となったといえる。兼業農家が八割を超え、高齢農家、自給的な農家が多数を占める福島県農業において、生産管理を含む新しい農業のあり方を推進することは、通常時では困難であったと思われる。放射能汚染対策は結果として、圃場、生産、加工、流通、消費という一連のフードシステムの中で、生産物を管理・記録することを恒常化させる契機となっているのである。

問題は、米の全量全袋検査を含む放射能汚染対策がいつまで続くのかということと、対策費がなくなった後にどのように検査体制を維持、転換するのかという点である。米の全量全袋検査は毎年約六〇億円の費用がかかり、うち賠償金(補償金)から約五〇億円が支払われてきた。福島県のコメの生産額は約七五〇億円であり、一割弱にあたる経費がかかっていることになる(写真7-3・7-4)。二〇一四年度以降は事実上、基準値超えの米は検出されていない。安全性は確保されたのではないか、これ以上費用をかけることは経済性に欠けるのではないかという意見が出されるようになり、検査開始から九年目の二〇二〇年度より検査体制の見直しが行われた(避難指示等があった地域では全量全袋検査を継続し、それ以外の地域では抽出によるモニタリングに変更)。

時間の経過と財政的な問題から放射能汚染対策が転換・縮小することにより、これまで培ってきた全県的・全品目的な生産管理、安全性への意識などが後退してしまうのではないかという点が懸念される。そこで福島県では、放射能汚染対策を実施するうえで培ってきた体制をGAP推進上に位置づけようとする取り組みが始まっている。

写真7-3　1台1,800万円の全量検査機
撮影：筆者

写真7-4　JA新ふくしまの農産物測定.
1農協で1台180万円の機材を数十台整備しなければならない
撮影：筆者

避難区域を除くと相対的に放射性物質の影響が大きかったのが、福島県中通り北部である。福島県県北のJAふくしま未来福島本部(旧JA新ふくしま管内)では田畑一つひとつを調べて、詳細な汚染マップを作る「どじょうスクリーニング・プロジェクト」(通称、「土壌スク」)を実施してきた。福島市内のすべての果樹園と水田を一枚一枚調査した。生産者にとって目の前の田畑の現状を知るには、測定して放射能汚染の実態を把握するしかない。測ったうえで、放射性物質の特徴や吸収抑制対策の効果を理解すれば、「なぜ自分の田畑から数値が出ないのか、なぜこの農産物からは放射性物質が検出されないのか」を実感できる。自らが「実感」できなければ消費者や流通業者に「説明」できない。この考え方は営農指導の基本である。

この事業には福島県生協連(日本生協連会員生協に応援要請)の職員・組合員も参加し、産消提携で全農地を対象に放射性物質含有量を測定して汚染状況をより細かな単位で明らかにする取り組みであった。延べ三六一人の生協陣営のボランティアが参加した。福島市内の水田・樹園地を対象に約一〇万地点の測定を行った。この取り組みが現在のGAP推進につながっているのである。

JAふくしま未来は、二〇一六年三月にJA新ふくしま、JA伊達みらい、JAみちのく安達、避難地域を含むJAそうまの四農協が合併して誕生した農協である。生産部会等の統一などは長期的な視野で進めることとなっていた。二〇一七年から始まったJAふくしま未来のGAP協議会は合併農協として新しい産地全体での取り組みでもあり、原発事故後の新たな産地形成という福島県農業に課せられた課題への取り組みの一環ともなっている。

7　おわりに

原子力災害に伴う放射能汚染対策に関して、県普及員や農協営農指導員は、放射性物質検査や作付・出荷制限、営農再開事業など緊急時の対応に追われてきた。流通面では風評問題から市場における地位低下の常態化という構造的な問題にも直面している。このようななかで、「放射性物質は入ってません、なので安全です」というネガティブチェックに基づく認知の段階から、適切な生産工程管理のうえで安全な農産物を供給していくというポジティブな政策への転換が福島県におけるGAP推進といえるだろう。この中で、放射能汚染対策に取り組んでいくという考え方に立っている。問題はGAP対策へ移行できる農家がどの程度いるのか、普及する体制を整えられるか、そして検査体制の見直し・縮小以降も原発事故後から始まった検査と認証の仕組みを継承できるかという点である。

福島県独自の米の全量全袋検査に関して、その実施主体は地域の協議会であり、その中心は農協組織である。これを全県的に標準化し、情報共有していく機能は行政機関である福島県と福島県農協中央会である。三三〇〇億円を超える農産物の損害賠償の窓口は福島県農協中央会である。被災自治体や立地協同組合組織がこれだけの取り組みを進めるなかで、国・政府の本格的な役割発揮が求められる。立法府では、これまで想定されてこなかった規模の原子力災害に対して総合的・包括的な法令を整備する必要がある。また、この間の原子力災害対策に関しても総括的な報告書の作成が急務である。とくに、日本の放射能汚染に対して懸念を持つ諸外国に対しては、公的な報告書をもとに安全対策の実態を粘り強く説明していくことが必要である。原発再稼働に伴う避難計画の策定など既存の法制度の中では対応が困難であり、福島における原発事故の教訓を組み込んだ法制度の整備が求められる。

今回の原発事故では、事故被害地域での放射能汚染対策を進めるうえで大きな障壁となったのが、大規模な原発事故対策に特化した法律がないことであった。「原子力災害対策特別措置法」は一九九九年の東海村ＪＣＯ臨界事故を受けて制定された法律であるが、福島原発事故のような規模と範囲は想定されていなかった。「災害救助法」も地震、火山の噴火など自然災害に対応した法律であり、長期間の避難を余儀なくされる原子力災害を想定していなかった。大規模・長期間の影響を考慮した「原子力災害基本法」のような原発事故対応への基本理念を示した上位法の制定が求められる。

今後の福島県農業を展望すると、福島復興論を超えて、「これからの食料、農業政策はどうあるべきか」を提起する普遍的価値を構築することが必要である。流通の効率化と消費の変化は、季節を問わず、同じ品質の農作物が日本では全国どこでも手に入ることを要求してきた。農作物の差別化や六次産業化による付加価値の増大が、競争の文脈として行われ、過度の「商品開発」に多くの労力が割かれる状況となっている。原子力災害により後発産地としての位置づけに落ちた福島県農業は、不利な競争条件下に置かれており、通常の産地間競争に晒される体力がない。とくに営農再開途上にある浜通りの旧避難地域は深刻である。通常の市場競争とは異なる新たな生産、流通の仕組みを導入することが求められている。

註

(1) 原子力損害の賠償に関する法律第一八条に基づいて文部科学省に臨時的に設置される機関である。二〇一一年四月一一日設置。

(2) JA全農福島米穀部のヒアリングによる(二〇一四年)。

(3) 唐木[2014]の指摘による。

(4) 福島県の農林水産業の再生に向けて、GAP認証の取得、農林水産物の販路拡大と需要の喚起など、生産から流通・販売に至るまで、風評の払拭を総合的に支援することを目的とし、福島県農林水産業再生総合事業(復興庁、農林水産省)年間四七億円など、さまざまな風評払拭・風化防止対策費が措置されている。

付記

本稿は、小山良太「放射能汚染対策・流通風評対策一〇年の総括に向けて——福島米の安全確保の新段階と再生の方向」(『農村経済研究』第三九巻第一号、二〇二一年八月、四—一二頁)をもとに加筆修正を行ったものである。

コラムA

農地の除染が剝ぎ取るもの

◇野田岳仁

人びとの生産と生活の場を奪い去ったのは、たしかに原発事故災害そのものである。けれども、いわゆる「第二の災害」という言葉があるように、災害からの復興を目指す過程には、ともすれば、復興をむしろ遠ざけかねない政策的対応の迷走劇も少なくなかった。その典型ともいえるのが政府による農地除染であろう。

農地除染では、土壌に含まれる放射性物質を取り除くために、汚染された表土を五センチメートル程度削り取ることが最も効果があるとされた。農地には削り取られた表土の代わりに山砂(やまずな)が投入されることもあり、農地はやせることにもなった。結果的に農地除染は農業の早期再開の足かせとなり、復興をむしろ遠ざけたことが専門家や各地の農家から指摘されてきた。

にもかかわらず、福島県双葉郡川内村(かわうちむら)では原発事故から三年目に周辺地域に先駆けて地域ぐるみの農業が再開されていた。なぜ川内村では早期の農業再開が可能となったのだろうか。

農業再開を先導したのは、村を代表する篤農家として知られる秋元美誉(よしたか)さん、ソノ子さん夫妻である。秋元夫妻は、原発事故後に全村避難となってもすぐに村内に戻り、政府による農地除染を拒否して、作付けを続けてきた。原発事故から二年目には秋元夫妻が苗を提供して二〇軒の農家とともに試験栽培を行い、三年目には八六軒の農家が作付けを行うことができた。収穫された米は検査の結果、全量全袋出荷可能となったのだ。

秋元夫妻によれば、政府による農地除染は、農家にとってきわめて許しがたい行為であった。というのも、農地の表土は最も栄養分を含むものであり、農家が先祖代々心血を注いで育んできたものだからである。美誉さんは「土を捨てることは自分の体の皮や肉を捨てること」だと述べている。「土っていう

写真A-1　原発事故後の作付け（2011年5月）
写真提供：西巻裕

のは、一センチできるのに一〇〇年かかる。田んぼにしても五センチつくるのには五〇〇年かかる。先祖の人たちがつくりあげてきた土を簡単に捨ててしまっていいのか」。山の表土は落ち葉が腐葉土になって、一センチメートル幅の土となるまで一〇〇年を要するといわれている。農地五センチメートルの表土を剝ぎ取る行為は、先祖が五〇〇年にわたって手を入れ続けてきたその苦労を捨てることになるのだ。「先祖の血と汗と涙を投げるわけにはいかねぇ」。このような気持ちだった。

そこで、秋元夫妻は除染に頼らず独自に土壌改良させることに取り組んでいった。「田んぼの基本はたい肥を入れた土づくり」にある。福島県からはセシウムの吸着のためにゼオライト（ゼオライトに含まれるカリウムにより吸着効果がある）を入れることを勧められたが、それも断った。「化学肥料は無機質。それは石油を入れるのと一緒。サプリメントも同じ。成分が違う。それでは土は肥えていかない」。化学肥料を入れ、表土を剝ぎ取った代わりに山砂を入れれば、農地が悪化するのは目に見えていた。そうなると、農業再開は大幅に遅れてしまうと考えていた

写真A-2　政府による農地除染（2013年12月）
撮影：筆者

のだ。

それならば、「田んぼで作物をつくって土から取り除くこと」を思いついていく。美誉さんによれば、放射性物質のセシウムは成分がカリウムと似ていることから、土壌にカリ成分を多く入れることで放射性物質の吸収を抑えることができると考えていたそうだ。秋元夫妻は、農地にカリ成分を含むたい肥を通常の二倍入れることで放射性物質の吸収を半減させることを試みるなど、独自の取り組みを続けていった。初年度の作物から放射性物質の検出はされなかったが、作付制限下であることから、悔し涙を流しながら土壌に作物を撒いたのだった。

秋元夫妻の実践は帰村をためらう農家の帰村を後押しするものにもなった。また、作付制限下での作付け記録は行政にとっても貴重なデータとなり、のちに福島県と連携した実証圃に位置づけられた。早期の作付けの解除は、紛れもなく秋元夫妻の試行錯誤の実践に支えられたものであった。

政府による除染事業は生活空間の放射線量の低減にはたしかに効果がある。けれども、農家にとっては、いくら空間線量が低くなろうとも、肝心の農地再生の見通しが立たなければ帰村や生活再建を考えることは困難な状況にあった。

川内村は農村である。秋元夫妻は、農地が再生できなければ、誰も帰村しなくなるのではないかと考えていた。農業にはリズムがあって、毎年同じことの繰り返しだ。農家はそのリズムが体に染み込んでいる。しかし、一年でも二年でも農業再開が遅れてしまえば、体が鈍ってしまうだろう。そして、きっとその前に気持ちが切れてしまうのではないか。土地を手放してしまう人も増えてしまうだろう。そう感じていたのだという。

だからこそ、秋元夫妻は原発事故から三年という短期間で目の前に広がる一面の農地をよみがえらせることに強くこだわったのだ。「土地っていうのは、自分のものではない。みんなの土地なんだから」。

周囲の農家が作付けをあきらめて農地除染を受け入れるなか、作付制限下にもかかわらず、夫妻が頑なに作付けを続けたのは、一刻も早い地域ぐるみの農業再開を願っていたからである。

付記

本稿は、二〇一三年一二月から二〇一八年二月まで断続的に行われた一三回におよぶ川内村での聞きとり調査をもとに構成した。秋元夫妻の実践については、野田[2018]に詳しく記している。

III

「復興」と「再生」のなかで

増幅され埋もれていく被害

第8章

「ふるさとを失う」ということ

定住なき避難における大堀相馬焼の復興と葛藤

望月美希

1　原発事故避難と失われた「ふるさと」をめぐって

本章では原発事故と強制避難の問題について、福島県双葉郡浪江町の地場産業である大堀相馬焼とそれを営んできた窯元に着目し、避難指示の解除が進み帰還政策と復興事業が進展するなかで何が置き去りにされているのか、長期化する避難生活のなかで人びとはどのようにして失われた「ふるさと」を取り戻そうと試み、そこにどのような限界があるのかを明らかにする。

福島第一原発事故から一〇年以上が経過し、避難指示区域の解除が進んでいるが、長期にわたり避難生活を継続する者も多い。福島県による発表（二〇二二年三月七日）では、県内避難者数六六六八名、県外避難者二万六六九二名とされており、三万三三六五名（避難先不明者五名を含む）が事故前の住まいを離れて生活している。また、原発事故避難が「超長期化」するなかで避難をめぐる生活状況は変化している。例えば、避難指示の解除に伴い、強制避難者として避難生活を送っていた人が自主避難（区域外避難）化し、制度的支援が部分的に打ち切られていくという事態が生じている［関 2021a］。また、一〇年余という歳月のなかで避難者自身も年齢を重ね、帰還／移住をめぐる意識や状況の変化もみられてきた。このように原発事故による避難生活は、始まりから現在に至るまで不安定な状況に置かれている。

本章では、原発事故がもたらした不安定かつ長期化する避難過程を「定住なき避難」と呼ぶ。こうした定住なき避難において、人びとは原発事故により奪われた「ふるさと」を渇望しながらも、土地との関係が分断されたままの生活を余儀なくされている。

原発事故をめぐり、「ふるさと」が具体的な形で問われたのは、損害賠償請求訴訟における被害認定の場であった。原発事故の責任主体である国や東京電力を相手取った原発事故被害者による集団訴訟において、「原発事故によって剝奪されたもの」としてのふるさとが争点となってきた。一方、そもそも「ふるさと」とは、平易な日常語であるがゆえにその定義づけは難しく、「ふるさとを失う」とはどのようなことか、避難生活においていったい何が奪われたのかは明示的ではない。そこで、大堀相馬焼という地域に根差した産業と、その窯元たちが避難生活において焼き物とつながり直そうとする試みから、ふるさとの喪失と渇望の狭間にある人びとの状況を考えていく。

◆原発事故と「ふるさと」をめぐる議論

環境社会学では、福島第一原発事故における被害の一つとして、放射能汚染とそれに伴う避難がもたらした「ふるさと」との分断を指摘してきた。ただしこれを論じるにあたって、そもそも「ふるさと」とは何か、「ふるさとを失う」とは社会的にどのように認識されているのかを確認しておかなければならない。

一般的に「ふるさと/故郷/こきょう」とは、「家郷(かきょう)(country home)」を意味する言葉である。ただし、福島第一原発事故における「故郷(ふるさと)」は、「ふるさと=地元」として語られる日常語としての意味だけではなく、国と東京電力という二つの事故責任主体に対する「ふるさと喪失(剥奪)」集団訴訟の争点として提起された、被害の概念でもある。

「ふるさと喪失(剥奪)」に関して少し説明を加えておくと、福島原発事故賠償問題の動向を追ってきた除本理史は、ここでの「ふるさと」とは地域社会における自然環境との関わりとそこでの社会関係の関わりの総体から成り立つものであるという[除本 2015]。また、環境社会学の視点から「ふるさと喪失(剥奪)」について論じる関礼子は、「人と自然とのかかわり、人と人とのつながり、その持続性という三つの要素が三位一体になった、〈生活の共同〉が存する場所」[関 2021b]と定義する。このように原発事故において剥奪された「ふるさと」とは、地域社会の文化や人びとのアイデンティティの源泉であり、こころの拠り所である。同時に「ふるさと」は、単なる心象風景ではなく、実体的な空間ないし土地と密接な結びつきを持ってのみ存在する。これらの点を踏まえると、避難者による集団訴訟の場で提示された「ふるさと喪失」とは、原発事故によって人びとが生活を営んできた場所から強制的に引き剝がされ、「総体としてのふるさと」を剝奪されたことを被害として提起するものである〔淡路 2015; 除本 2015, 2019; 関 2019 など〕。これは、原告側が避難慰謝料や財物賠償に加えて、地域社会における人間関係の喪失を「コミュニティ喪失慰謝料」として請求してきたものを、地裁の審理において「故郷喪失慰謝料」「故郷喪失・変容慰謝料」へと概念化したものである〔関 2021b〕。法的には「包括的生活利益としての平穏生活権」の侵害とされ、避難先で回復できない多くの要素が失われたととらえられている〔除本 2015〕。

以上のように、「ふるさと喪失（剝奪）」論において、「ふるさと」は回復困難なものとして位置づけられる。つまり、長期にわたる避難により、かつての社会関係や人びとの営みは分断され、結果、避難指示解除により人びとがその土地に戻ることができたとしても、人びとが希求する「ふるさと」は剝奪されたままであるととらえられている。

◈奪われたふるさとは取り戻せるのか——制度的解決を超えて

近年の動向としては、「ふるさとを失う」という損害が「ふるさと喪失慰謝料」として裁判上認められつつある。(1) 一方、こうした金銭的賠償はあくまでも制度的解決にすぎず、裁判上被害が認められたとしても、当事者からすれば放射能汚染被害と長期的な避難によって原発事故以前の生活は奪われたままである。ここで今一度問われるのが、当事者による日常語としての「ふるさと＝地元」である。「ふるさと」は回復不可能であるという裁判上の訴えの一方、当事者は奪われた「ふるさと＝地元」を、避難生活において何とか取り戻そうと試みる。

当事者が置かれる状況とふるさとをめぐる葛藤について、本章では福島県浪江町大堀（おおぼり）地区の地場産業である大堀相馬焼に着目する。原発事故後、大堀相馬焼は、福島県二本松市で再開した浪江小学校・津島小学校の「ふるさとなみえ科」の授業にとりいれられたり、浪江町内に開業した「道の駅なみえ」に販売拠点が設けられるなど、浪江町を象徴し、ふるさとを想起させるものとして注目された。一方、大堀相馬焼の窯元たちが窯を構えてきた浪江町大堀地区は、大部分が帰還困難区域となってきた。本章では、大堀相馬焼を介した人びととふるさとの関係から、原発事故後の生活においていったい何が失われているのかを明らかにする。

浪江町は、原発事故により町内全域の約二万一〇〇〇人超の町民すべてが避難対象となった自治体である。浪江町行政による発表（二〇二二年三月）では、町民（全一万九七八八人）の避難先は、福島県内一万三七九六人（全体の約七〇％）、福島県外五九九二人（全体の約三〇％）である。[2] 避難指示に関して、二〇一七年三月三一日に一部地域で避難指示が解除されたが、二〇二三年三月時点でも町内西部地域の多くが帰還困難区域となっている（ただし、大堀地区の中でも、大堀相馬焼の拠点施設「陶芸の杜おおぼり」と各窯元の土地は「特定復興再生拠点区域」に指定され、二〇二三年三月三一日に避難指示が解除された）。帰還意向について、浪江町行政による調査（二〇一七年一二月時点、全八六三七世帯代表者向け調査、回収数四〇九二世帯）では、「すでに帰還している」三・三％、「帰還したいと考えている」一三・五％、「まだ判断がつかない」三一・六％、「帰還しないと決めている」四九・五％と、帰還しないと決めている世帯が約半数ある一方で、帰還の意向を持つ世帯や判断に迷う世帯も多いという状況であった。

以下では、大堀相馬焼の窯元であり、原発事故後は東京都で夫とともに避難生活を送るAさん（七〇代女性）と、大堀相馬焼協同組合長（二〇二一年一二月時点）であり、福島県本宮市で工房を再開したBさん（七〇代男性）へのインタビューから、(3)大堀相馬焼を通じた人びととふるさととの関係について考察する。第2節では、原発事故前後の大堀地区と大堀相馬焼の変容について、第3節では、長期にわたる避難生活におけるAさんと大堀相馬焼のつながりと葛藤について述べる。第4節では、原発事故避難における大堀相馬焼と窯元の関係から、「ふるさとを失う」ことはどのような被害として経験されたのか、ふるさとを取り戻そうとする試みの一方でどのような限界があるのかを論じる。

2　原発事故と大堀相馬焼

◆大堀相馬焼とは

大堀相馬焼は、福島県浪江町大堀地区を中心として製造されてきた伝統工芸品である。(4)元来は相馬田代駒焼の系に属する陶器であり、江戸時代元禄年間に大堀村（現在の大堀地区）にいた相馬中村藩士である半谷休閑とその下僕である左馬により始まったとされている。一六九〇（元禄三）年に休閑と左馬により茶碗の販売が始まり、その後、この陶磁器への需要が増えると、休閑と左馬が村人に焼法を伝え、大堀相馬焼の基礎が築かれた。その後、相馬藩は藩の特産品にするために山地に瀬戸役所を設置し、資金の支援や原材料の確保等を行い、保護育成に努めた。

明治期に入り一時的に衰退したが、一九七八年に大堀地区の相馬焼が国の伝統工芸品に指定され「大堀相馬焼」の名称を掲げるようになると、この地域の地場産品として定着した。原発事故前は大堀地区内には二三戸の窯元があり、大堀相馬焼協同組合が形成されていた。組合では、陶磁器の特徴について、①「青ひび」と呼ばれるひび割れが陶磁器全体に広がっていること、②内側と外側で二つの器を重ねる「二重焼(ふたえやき)」という構造、③そして疾走する御神馬(ごしんめ)の様子を描く「走り駒」の絵(「駒絵」とも)が描かれていることの三点を挙げている(写真8–1)。

写真8-1 大堀相馬焼の湯飲み
(原発事故以前にAさんの窯で製作されたもの)
撮影:筆者

◆原発事故前の窯元と地域社会の状況

大堀地区は浪江町の中心から車で二〇分ほどの山手にあり、一九五六年の合併前まで双葉郡大堀村として存在した。大堀地区内には、二三軒の大堀相馬焼の窯元からなる一帯(行政区としては、小野田、大堀、井手を含む)があり、同業者同士のつながりが強い地域であった。これらの窯元は大堀相馬焼協同組合に加盟し、組合として大堀地区内の物産会館「陶芸の杜おおぼり」の運営も行っていた。ただし、基本的には各窯元で独立して工房を経営し、陶芸教室や直売所の経営など窯元ごとさまざまな経営体制であったという。

原発事故前の生活において、窯とそれを営む人びとの生活は分かちがたいものであり、それは居住環境からも明らかである。例えば後述するAさんのケースでは、自宅に隣接して工房があり、自宅には日常的に工房に勤める職人たちも出入りしていたと語る。陶器を焼くにはおおよそ二四時間が必要で、窯には夜通し火を入れるため、自宅と工房が隣接する家がほとんどであった。

自宅兼工房に販売所を設ける窯元もあり、町外・県外の客の来訪も少なくなかった。東京電力関係の来訪者も多く、「東京電力とは『共存・共栄で生活していきましょう』なんていう感じだったんです、東京電力の方針としたらね。だから、下請け会社というのが、数ははっきりわかんないけど（浪江町にも）すごくいっぱいあったそうなんですね。年中、（原発の）修理とか補修とかやってますからね。その関係で全国からお客様たちがお土産なんかに。あと外国の方も来ましたよ」（Aさん）と語る。他の観光資源が多くない浪江町において、東京電力関係の来訪者が大堀相馬焼の売り上げを支えていた。

❁大堀相馬焼と原料

陶磁器の原料となる土は、かつては大堀地区近隣の山から採取していた。ただし、震災以前から、陶器製造量の増加や採掘権の関係で、愛知県から取り寄せた土に近隣の山の土を混ぜたものを原料として組合で販売し、多くの窯元はそれを買い取る形で入手していた。一方、素焼きした器の上に塗る釉薬（ゆうやく）は、大堀地区の近隣で岩石を採取して調合し、大堀相馬焼の独特の青みがかかった色合いを出すものとして用いられていた。

原発事故後、陶磁器の原料となる粘土や釉薬の原料である岩石の採掘場所は放射線量が高く、採取は断念せざるをえなかった。そうした状況から、窯元たちは釉薬の原料となる岩石も県外で採取するようになり、事故前の作品と同様の色合いが出せるよう釉薬の調合を試行錯誤しながら使用している。このように、原発事故により浪江町産の原材料が使用不可になってしまったが、窯元たちは元の焼き物の出来に近づけるよう尽力している。

◆原発事故後の窯元と復興に向けた動き——再生と喪失の狭間で

東日本大震災発災時、地震による大きな揺れによって多くの工房で製造中の陶磁器が割れ、工房自体も崩壊などの被害を受けた。山手の地域であるため、津波被害はなかったが、住民たちは大きな揺れを感じ、そのままの状態で避難した。その後、原発事故の発生により、長期にわたり浪江町外への避難を余儀なくされてきた。

避難生活中の陶磁器製造はどのような状況に置かれたのだろうか。ここでは大堀相馬焼協同組合(以下、組合)と各窯元、双方の状況についてみていきたい。まず、組合としては、国や東京電力からの補償を受け、二〇一二年六月に浪江町の行政機能の移転先である福島県二本松市に仮設工房を立ち上げた。ただし、すべての窯元が二本松工房を利用したわけではなく、避難先で自らの工房を構えた者もいる。例えばBさんは、震災前からの陶芸教室の生徒も多かった福島県いわき市に拠点を構え、二〇一二年六月に個人(実際には他業種の知人と共同)で仮設工房を立ち上げた。また、窯元たちの避難先は、家族・親族を頼って福島県内外とさまざまであった。県外に避難をした若い世代の窯元の中には、そのまま福島県外で焼き物づくりを再開し、工房を構えた者もいた。しかし、移転先で陶磁器の製造は続けるものの、「大堀相馬焼」の看板を下ろして生きることを決めた窯元や、避難生活下で焼き物の製造を再開できない窯元もいる。結果、二三軒あった窯元のうち、浪江町行政として把握している再開者は一一軒（福島市、郡山市、いわき市、二本松市、白河市、本宮市等）である。なかには組合から脱退した窯元もおり、二〇二一年一二月の時点では組合に加入する窯元は七軒のみとなった（Bさんへの聞き取り）。二〇二〇年八月に開業した浪江町内の「道の駅なみえ」には、「なみえの技・なりわい館」として、大堀相馬焼の陶磁器の販売コーナー、陶芸体験教室、窯場が設けられ、地場産業復興に向けた新たな拠点となっている。ただし、依然として窯元の住まいと自らの窯は郡山市やいわき市などの近隣市町村にあり、そこから浪江町へ通い、陶芸教室の開催や焼き物の販売を行っている。

浪江町から車で一時間半程度離れた福島県本宮市で工房と自宅を再建したBさんは、町外に移っても焼き物を再開したことについて、以下のように語る。

自分からしてみれば、この大堀相馬焼っていうのは本当、自分の芯になる部分なんで。これしかやってこないし、これしかできないので。相馬焼をやりながら、町も復興できて、その中での手助けになるような形になればいいなとは思ってるんですけども。「なりわい館」も本当はもっと賑わうはずだったんですけど、コロナ（禍）で「あれ？」って感じで。うちらからしてみれば本当、復興なんてまだこれから先ですからね。いくら一〇年経とうが。結局その場所でずっとやってきたやつが、いきなりそこで寸断されたわけなんで。そのなかでもう一〇年経ちましたけど、復興しましたね、とはならないと思うんで。本当に、復興の第一歩が、スタートラインに立ったぐらいの話ですよね。これからどうなるか。でも、（浪江）町の方にも、本当は、自分の生まれた所にいたいなとは思うんですけどね。（Bさん）

Bさんは、焼き物製造の再開に前向きな気持ちを持ちつつも、浪江町外で製作せざるをえないこと、浪江町に「道の駅」という拠点は開業したが、いまだ復興のスタートラインに立ったにすぎないことを述べ、「できることなら自分が生まれた場所にいたい」という想いを抱えながら生活を送っている。

3 「ふるさと」との断絶――「定住なき避難」の渦中にある窯元

地場産業である大堀相馬焼は、窯元の避難・移転といった状況下でも、浪江町復興のシンボルとして製造再開が進んできた。しかし、この製造再開はふるさとを取り戻したこととイコールではない。窯元たちの避難先での生活に目を向けると、大堀相馬焼を介してふるさととつながりながらも、「総体としてのふるさと」を取り戻せない葛藤を抱えている。

ここで、原発事故直後より東京都へ避難し、家族で東京都中野区の公営住宅で避難生活を継続しているAさん（七〇代女性）に着目したい。Aさんは浪江町出身で、二〇代のときに大堀地区の窯元である夫のもとに嫁ぎ、夫の両親とともに焼き物づくりをしてきた。Aさんは伝統工芸士である舅から教えを受け、窯焼きの方法、釉薬の調合、施釉（せゆう）などを習得し、さらに大堀地区の絵付師（伝統工芸士）から「走り駒」の絵付けを学んだ。

この「走り駒」は、単なる焼き物の模様ではない。家ごとに代々受け継がれていく技法であり、「伝統工芸士のおじいちゃんが教えたからこういう馬なんです、ほとんどね。でも、お母ちゃんたち（で）描く人もいるし、お父ちゃんたち（で）描く人もいるから。これは誰々さんの瀬戸（物）だなってわかりますよ」と、一見どの作品においても同じように見える馬も、作り手が見れば家ごとの個性はすぐにわかるという。Aさんはこのような絵付けの技法を身につけ、窯では長らく焼き上がった器への仕上げとして絵付けを施す役目を担った。夫が病気で体調を崩した二〇〇〇年頃からは窯の管理も担ってきた。

発災当時、Aさんは夫と長女と暮らしていた。震災が起きた三月は、五月に大堀地区で開催される陶器市に向けた準備で忙しく、窯には製作中の陶磁器がいっぱい詰まっていた状態であった。大きな地震の揺れにより、工房や製作中の陶器も被害を受けたが、余震に備えすぐに大堀地区の集会所へ避難し、その後、津島地区へ避難することになった。だが、原発事故により津島地区の避難所も放射能汚染が危ぶまれ、二、三日後には福島市の総合体育館に移った。周りの人びとは福島市や郡山市に留まる者も多かったが、Aさん一家は郡山市など近隣で頼れる親戚がいなかったため、三月一五日にAさんの親戚を頼って娘と夫と三人で東京へ行くことを決めた。東京では実家の母や弟たちとも合流し、親戚宅に身を寄せた。
その後、都内ホテルでの避難生活を経て、避難者に対する住宅支援の情報を得た。避難者は、江東区の東雲(しののめ)住宅(超高層マンション型の公務員宿舎)か、二三区内の公営住宅かのどちらかを選択でき、東京に避難してきた知り合いには東雲住宅を選んだ者もいた。Aさん家族は生活の利便性も考え、二三区内の公営住宅を選択し、二〇一一年五月から現在の住まいである中野区の公営住宅に入居した。

❁東京での暮らしと「絵付け」の再開

避難生活の当初、Aさんの夫は「家(うち)(東京の避難先のアパート)にいれば、もう(浪江町に)帰りたい」と、東京での生活に塞ぎ込みがちであった。しばしば、「浪江に帰る」と夜中に起きることもあり、精神的に不安定な状態であったという。

お父さんは本当に毎日、毎日(「帰りたい」と言う)。でも浪江には行けないからね。でも浪江の街(帰還困難区域が解除された市街地の方)だったら、空いてる土地だったらって言うけれど。せめて相馬市内だったら〝相馬〟だから、って。福島(市)だのそういうとこには親戚もいないし、それは考えてなかったけども。でも「行きたい、行きたい」ってノイローゼになったね。(Aさん)

Aさんの夫は、元の住まいに戻りたいけれども戻れない、せめて相馬市内（大堀相馬焼のふるさとであり、かつての相馬中村藩の中心地）に戻りたい、と口にしながら東京での避難生活を送ってきた。そうした状況ではあったが、徐々に昔の仲間に電話をかけたり、外出して避難者交流のための地域サロンに顔を出して福島の新聞をもらってきたりと、ふるさととのつながりをなんとか断ち切らないようにしているという。

写真8-2　Aさんが描く「走り駒」
撮影：筆者

しかしながら、東京での生活では、工房を構えること、大堀相馬焼の製造を再開することはできない。そこでAさん自身は、避難生活でも相馬焼とのつながりを断ちたくないとの思いから、中野区が行っている陶芸教室に入り、焼き物を行うようになった。あるとき、かつて大堀地区の窯元であったことを告げると、「馬の絵が伝統みたいだから教えて」と、Aさんが日常的に行ってきた「絵付け」を見せてほしいと陶芸教室の仲間たちから声をかけられた。長年の仕事で習得した絵付けの技法は手に染みついている。描く土台は器ではなく色紙であったが、さらさらと筆を運び馬を描くと大変喜ばれたという。

それがきっかけとなり、避難先の東京でAさんは、色紙に大堀相馬焼のシンボルでもある「走り駒」を描くようになる。評判を聞きつけた近隣市の福島県人会や避難当事者団体からも声がかかり、イベントの場で馬の絵付け披露もするようになった。かつては生業として行っていたが、避難生活のなかでは有志の活動として、色紙に馬の絵付けを描き、人びとに披露している（写真8-2）。

●帰還をめぐる想い

Aさん家族は、二〇一二年より定期的に大堀地区にある自宅兼工房に一時帰宅してきた。自宅周辺の放射線量が高いため、滞在時間は毎回二時間程度しか許されてこなかった。一時帰宅の際には、夫と原発事故後も福島県内に残った息子たちとともに工房の片付けをして、残っていた焼き物を少しずつ東京の自宅へ運び出してきた。一〇年以上にわたり東京での避難生活を続けるAさん家族であるが、元の地域への帰還に関しては、まだ十分な意思決定をしていない。町内ではすでに元の住宅の取り壊しを決めた世帯も少なくないが、Aさん家族は定期的に一時帰宅し、自宅と工房の除染を受けていた。長男はサラリーマン、次男は消防士として、長年福島県内で働いてきたため、窯の再開や継承に関する具体的な話は出ていないが、原発事故後一〇年以上にわたり工房を守っている。

帰還の見通しに関しては、いわき市の借り上げ住宅に住む長男一家が、いわき市周辺で土地を探しているため、東京で避難生活をしてきたAさんと夫、長女も、長男一家の近隣への移住を検討している。長男と次男はともに仕事の関係から原発事故後も福島県内に留まっている。こうしたことからAさん一家もやはり福島には戻りたいと考えている。

Aさん：もう（自分自身も）お医者さんにも行く歳（とし）になったし。息子（長男）も最近、土地探してっから、なんて言ってたっけ。

筆者：いわきというか、浪江に近い辺りで？

Aさん：そう、いわき市。だから、お父さんに私や娘もついていくでしょうからね、ずっと。だから、三人で暮らす小さな建売（住宅）探してんだ。

このように、自身の年齢と今後の生活を考えると、大堀地区に戻らずに長男の移転先近くに住む方がよいのかもしれないとAさん自身は考えている。(5)

4　奪われたものは何か——土地との結びつきを失った産業復興

以上の大堀相馬焼の窯元の状況から、「ふるさとを失う」こととはどのような被害として経験されたのか、避難生活においてふるさとを取り戻そうとする一方でそこにはどのような限界があるのか、という二点について考えたい。

冒頭で述べたように、「ふるさと」は単なる地理的空間でもなければ心象風景でもない。自然環境を含めた具体的な空間と、人びととの生活、地域に根付いた生業、歴史、社会関係などが結びついた総体としてのみ成立するものである。この点からすれば、原発事故により「ふるさとを失う」ということは、単に「元の場所に戻れない、帰還できない」ということではなく、ある土地に根差して営まれてきたものが失われた状態を示す。大堀相馬焼の事例に即していえば、原発事故による地場産業への被害とは、経済的な損失だけでなく、長年にわたって紡いできた地域と産業との結びつきが断たれてしまった点がある。避難・移転先での焼き物製造再開は、一見、大堀相馬焼の再生と復興とみることもできるが、放射能汚染の影響から粘土や釉薬などの浪江町産の原材料の入手が困難になり、窯の再開も避難・移転先の土地で行わざるをえない状況にある。窯元たちが大堀地区に戻って製造を再開するには幾重もの困難が立ちふさがっている。

大堀地区から離れて焼き物製造を再開する状況について、窯元たちには「それは果たして大堀相馬焼と言えるのか」という戸惑いがある。とくに、避難・移転先で製造を再開した若い世代の後継者からは、「浪江に住まずに白河（福島県白河市）で仕事をしていて、大堀相馬焼って言っていいのかな」、「今となっては、大堀相馬焼って何ですかね。定義が難しいですよね。その土を使うのか、釉薬がそうなのか、形がそうなのかで。しかもその場にいない、その場にいないんだったらなおさらそうで」［ライフミュージアムネットワーク 2020］（＝Aさん提供資料）といった声がある。Aさんは「『大堀相馬焼』は再開されたが、地域というまとまりはなくなってしまった」と言う。

若者たちがこれ（パンフレット）見ると、「（移転して再開したとしても）大堀相馬焼なんて語れない」なんて言う人もいるんだけどね。Xさんの下の息子さんも大分か福岡に行ってやってんだけども。みんなね、芸術家としてやっていくんだったら、別にどこでもいいと思うけど、やっぱり地域にあったところだから。地域だからね。世の中の流れで（大堀相馬焼が）下火になったり栄枯盛衰の波はあったけども、それでもほそぼそとやっていくつもりだったんだけどね。（Aさん）

Aさんが語るように、大堀相馬焼は、時代の変遷のなかで窯元の数が減少し、大量生産される安価な陶磁器との競争にさらされることもあったが、それでも地域に根差した産業として継承されてきた。一方、原発事故後、地域に根差した伝統産業という大堀相馬焼の位置づけは失われ、避難先で各々の窯元が製造を再開したものの「地域としてのまとまり」は戻ってきていない。

大堀地区の大部分は帰還困難区域に指定されていたため、大堀相馬焼は大堀地区外での製造を余儀なくされてきた。こうした状況についてBさんは、「本当に、日常のなりわいっていうのが全然ない状態で、ここ（現在住む場所）に入ったわけなので。とにかく地域の人たちとどうやってうまくやっていくかっていうのが。まず、そこからなので」と、浪江町に帰れない状況が続くが、工房の移転先である本宮市の居住地に溶け込めるように努力したいと語っていた。ただ、それでも「戻るっていうか、（浪江町に）居場所が欲しいなとは思う。瀬戸物の販売するなら、ちょっと（浪江町の方に）居たいから。資金があればね。前、浪江町にいた人が、住んでいた場所に平屋で小さいのを造ったりとかしてるんで、うちもそんなことできたらいいなあとは思ってるんですけど、なかなか」(Bさん)と、大堀地区で焼き物づくりの拠点を再建することを渇望している。

本章では大堀相馬焼の事例から、地域に根差して営まれてきた地場産業の再生と喪失の狭間で揺れる窯元の状況を明らかにした。大堀地区の住民は、帰還や移住の見通しが見えない「定住なき避難」の渦中にあり続けてきた。そうした状況下においても、Aさんは東京の避難先で「走り駒」の絵付けを続け、Bさんは新たに工房を構え、地域の人びとと関わりながら大堀相馬焼を絶やさないようにと試みる。窯元たちは原発事故後一〇年以上の間、大堀相馬焼とつながり続けることで、ふるさとを取り戻そうと試みてきたが、若い世代の窯元や職人の中には「大堀相馬焼」の看板を下ろし、県外の避難先に定住し陶芸家として生きることを決めた者もいる。大堀地区という場所との長期にわたる断絶は、大堀相馬焼と窯元たちの「地域としてのまとまり」を奪ってしまった。焼き物の製造再開に期待と希望が寄せられる一方、「それは果たして『大堀相馬焼』と言えるのか」という窯元の戸惑いは、「総体としてのふるさと」が奪われたままであることを表している。

註

(1) 例えば、「原発避難　東電の賠償増額　対策先送り非難　仙台で高裁初判決」(「東京新聞」二〇二〇年三月一三日付朝刊)等でふるさと喪失をめぐる集団訴訟の結果が報じられている。
(2) 浪江町ウェブサイト「町民の避難状況(令和四年二月二八日現在)」(住民課発表)より。(https://www.town.namie.fukushima.jp/soshiki/3/29966.html)[最終アクセス日:二〇二三年五月一日]

（3）　Aさんへのインタビューは二〇二一年八月六日に東京都内で実施した。Bさんへのインタビューは二〇二一年一二月二四日に福島県本宮市で実施した。なお、インタビュー以降に特定復興再生拠点区域の避難指示解除（二〇二三年三月三一日）等、社会情勢の変化があり、避難当事者の生活状況の変化が予見されるが、本文ではインタビュー時点までの内容をもとにまとめている。

（4）　以下の記述は、浪江町史編集委員会編［1974］および大堀相馬焼協同組合（二本松工房）発行のパンフレットを参照した。

（5）　浪江町における特定復興再生拠点区域の避難指示が解除された後、二〇二三年六月にAさんに再度お話を伺ったところ、「（避難指示が解除されて）お父さん（夫）と息子はやはり浪江に拠点持った方がいいんじゃないかって言うのね。やっぱりお父さんは戻って焼き物をやりたい気持ちがあるみたい」と述べている。Aさん自身もそうした家族の声を受けて、いわき市への移住と浪江町への帰還、現避難先である東京都中野区での暮らしの継続の間で葛藤を感じており、まだふるさとへの帰還に関する結論は出ていない。

第9章

「生活再建」の複雑性と埋もれる被害

原口弥生

1 はじめに

自然災害と原子力災害、そして公害と原子力災害、これらは相互に比較されることも多いが、原子力災害の被災者・避難者が置かれた社会的状況はどのように考察できるだろうか。多くの研究が、東京電力福島第一原子力発電所事故によって受けた被害とそこからの復興過程や生活再建について明らかにしてきた[関編 2018; 丹波・清水編 2019; 藤川・石井編 2021]。福島第一原発事故の被害が広範囲の放射能汚染による生活基盤の剝奪であったために、国や福島県は被災者に対して精神的ケア、住宅確保サポート、戸別訪問などを行うとともに、全国二六か所に県外避難者の相談窓口として生活再建支援拠点を設置するなどの対応を進めてきた[西城戸・原田 2019]。原子力災害において、被災者・避難者は放射能汚染によって生活基盤を失うという被害を受けつつ、事故後は、「生活再建」を行う主体として事故がなければ行う必要もないさまざまな申請や住宅確保、経済的安定に向けた活動を行ってきた。

原子力災害における「生活再建」は、自然災害や公害問題との共通点も原子力災害の特殊性もある。だが、そもそも同じ原子力災害からの「生活再建」であっても、避難元の避難指示区域の設定の有無や、被災当事者が置かれた多様な条件によって異なるため、一律に論じることはできず、慎重さが求められる。被災者・避難者の一人ひとりの一〇年以上に及ぶ歩みを丁寧に見ていくことでしか、被害の総体とそこからの回復を把握することはできない。このような視点をもとに、本章では、福島第一原発事故後に茨城県に避難してきた人びとのうち、数名の方の経験から考察を進める。

茨城県内の原発避難者の特徴を簡単に述べると、福島県浜通り地域から避難した人が多数を占めるため、避難指示区域出身の住民が多く、自主避難者は県外避難者の中では少数である。また、福島県に隣接しているため、避難元との往来が頻繁であったり、福島とのつながりを強く持ち続けている人は多い。復興庁公表のデータによると、福島県からの県外避難者数では茨城県が最多となっており（二〇二二年四月公表）、事故直後は西日本や首都圏に避難していた人が定住先として茨城県を選ぶケースもある。

本章では以下、「生活再建」について整理するとともに、具体的な事例から考察を進める。

2 リスク回避行動の先にある「生活再建」

❁リスク回避行動としての「避難」

二〇一一年三月一一日一九時三分に原子力緊急事態宣言が発令され、それから二時間もしない間に国内の原子力災害では初となる避難指示が出され、その後、避難指示の対象は拡大していった。そして翌二〇一二年四月には、将来に向けて想定される避難期間を示唆するという点で重要な意味を持つ「避難指示解除準備区域」「居住制限区域」「帰還困難区域」の三区分に再編成された。

福島第一原子力発電所からの距離や放射能汚染の度合いによって地域住民に出された避難指示は、将来の被ばく防護のため、政府により指示されたリスク回避行動であった。避難区域外住民たちの避難は、自主的に選択したリスク回避行動であった。避難によって、放射線被ばくによる健康影響リスクが低減できたとしても、震災前の日常の暮らしや人間関係、そして土地との関係性は失われることとなった。

環境社会学分野においては従来、飯島伸子による被害構造論に代表されるように、主に「健康被害を起点として」さまざまな社会プロセスの中で被害が増幅する問題を扱ってきた[飯島 2002]。そのため、健康被害の因果関係をめぐる論争や被害認定・救済の問題、長期化するなかでの問題の放置などが主な焦点となってきた[飯島ほか 2007]。

しかし、福島第一原発事故においては、甲状腺がんなどの健康影響が事故直後から懸念されつつも、まずは生活再建が当事者にとっては重要なことであり、支援団体の多くもリスク回避行動の延長線上にある避難生活の安定化に努めた。その避難生活の中でも多様な課題が浮上していることはすでに指摘されているが［原口 2013; 関編 2018; 丹波・清水編 2019; 今井・朝日新聞福島総局編 2021］、被害構造論の枠組みで説明すると、「現実態となった放射能汚染からのリスク回避行動を起点として、さまざまな社会プロセスの中で被害が増幅する構造」[1]であると指摘でき、補償をめぐる分断や周囲の無理解などもこの枠組みの中で解釈が可能である。

多くの公害問題では、健康被害が実際には発生しているものの、例えば水俣病での劇症型の患者などを除いては、健康被害が目に見える形で現れているわけではないため、それが周囲の無理解や、ひどい場合には差別につながった。

福島第一原発事故においては、いっそうその被害が見えにくい。そもそも全国各地に分散避難した人びとに出会うこと自体が難しく、事故前にあった暮らしは、そこに足を踏み入れてようやく、その残像に触れることができる程度で、実感することはなかなか難しい。何よりも土地から剝がされ、当たり前に続いてきた暮らしが突然奪われる苦難の内実は、一人ひとり異なる。そして、事故後一〇年以上が経過してきたからこそ見えてくる実態もある。

福島第一原発事故の被害構造を、「現実態となった放射能汚染からのリスク回避行動を起点として、さまざまな社会プロセスの中で被害が増幅する構造」とする先述の定義からも示唆されるとおり、放射能汚染からの避難だけではなく、その避難生活ならびに将来に向けた生活再建に関わる社会プロセスにおいて発生する被害について明らかにすることが、被害の総体を可視化するための一歩となる。

「住宅確保」では埋められないもの

二〇一一年三月以降、二、三日だけの避難と思って地元を離れた人も、その後、避難先での生活の安定、そして帰還あるいは避難先での将来に向けた生活再建へとフェーズを進めてきた。その中でも大きなステップとなるのが住宅確保である。避難指示区域からの避難者が比較的多い茨城県においては、住宅確保の動きが顕著に見られるようになったのは、二〇一四年から二〇一五年以降であった[2]。

まだ多くの人が公営住宅や民間賃貸などの応急仮設住宅で生活しているなか、比較的早い時期に自宅を再建した家族がいる。世帯主である夫が震災以前から単身赴任で茨城県内の工場で働いていたために、原発事故後、三人の子ども、祖父母とともに、茨城に来た女性Aさんのケースである。主に日立系列など大企業の関連企業に勤めていた仕事の関係で、避難先が茨城になったケースは珍しくなく〔原口 2013〕、茨城県内の各地でこのような家族に会った。

さて、この家族のケースでは、夫が茨城に土地勘があるため、住宅再建にかじを切る時期も早かった。福島県浪江町の幹線道路沿いにある避難元の広大な敷地には、大家族が住む昔ながらの立派な家屋があり、倉庫も複数あった（Aさん自身は同じ福島県浜通り地域である旧原町市（はらまち）〔現・南相馬市原町区〕の出身）。茨城で再建した自宅は避難元の実家には及ばないが、家族七人が住むには十分な広さだった。しかし、避難先の学校になかなか馴染めない子どもを日々見守りつつ、体調を崩していく夫の父親の福祉施設（特別養護老人ホーム）を探しながら奮闘していたAさんは、自宅の再建という大仕事が終わり、この新築された自宅で毎晩、誰にも気づかれることなく涙を流していた。

あの頃は、布団のなかで毎晩泣いてたよね。あぁ、ここで生活していかなくちゃいけないんだって。なんかね、理由もわからなかったけど、涙があふれてきてね。……（当時、泣きながら就寝していたことを）家族も知らないよね。(3)

この涙は、住宅再建が終わったという安堵や喜びの涙ではない。Aさんにとって、新居はたしかに新しい生活への一歩であったが、それは同時に、避難元では生活しないという選択をし、住み慣れた場所での暮らしを断念したこと、そして知り合いもおらず馴染みもない地域に放り込まれてそこで生活し続けなければならないことが現実として突きつけられることを意味していた。

住宅確保に向かう心理的なスピードは、一人ひとり異なる。将来的にどこで生活するのか、いつ次のステップに進むのかは、家族単位で意思決定されるが、家族内でも望む将来のあり方については一人ひとり異なっているケースもあり、歩んでいる時間の感覚も違っていて当然である。家族の生活再建の責任を負ってきたAさんは、義父と同じく介護を必要とする義母の介護申請や、成長期の子どもたちのことを優先し、自身の気持ちが追いつかないままに住宅再建を進めてきた。Aさんは、さらに「誰かに、こんなに大変な思いをしていたんだね、って認められたかったのかもしれないね」とも語った。(4) 災害後の生活再建において、生活環境を整えていく負担は主に女性

写真9-1　Aさんの自宅兼カフェ（2023年5月，浪江町）
写真提供：Aさん

にかかることもあり、災害で生活を失い、新しい生活基盤をつくり上げていく際のジェンダー役割という視点からの分析の必要が示唆される。あわせて、避難先を見渡せば、震災前と変わらない日常が続いているなかで、原発事故後の住宅確保という重荷を負ってきた負担感や孤独感、やりきれなさが含まれている。

Aさん家族の子どもたちは、その後、進学や就職のため避難先となった地域をすでに離れており、特養への入所後に亡くなった義父を看取ったAさん夫婦もまた、新築した住宅を手放し浪江町に戻っている。Aさんの夫が病気のため早期退職をしたこともあり、Aさんは以前から好きだった菓子づくりや料理の腕前を活かそうと、浪江町に自宅兼カフェを再建し、未経験だったカフェを家族の応援のもとで二〇一九年に始めた（写真9−1）。浪江町でカフェを運営するには食材の購入などでも不便はあるが、Aさんは「周りの人は戻ってないし、不便がないって言ったら嘘にはなるけど、ここに戻ってきて、あぁ、やっぱりここなんだな、って。自分にはストンと落ちたのよね。ストンと」と言う。

この無垢材に囲まれたカフェは、避難先から浪江町に一時帰宅した人が立ち寄ったり、待ち合わせ場所になったりと、人びとの集う場となっている。県外での避難生活を送った経験のあるAさんは、単に自分が浪江町に戻るだけではなく、一時帰宅する町民が集う場をつくりたかったと言う。

被災後に新築された家の中で、夜中、人知れず涙するAさんの姿は、本人が語ることがなければ想像することは困難であろう。その後、Aさん夫婦が、子どもの成長とともに優先順位が変わり、帰還という選択に至ったプロセスは「複線的復興」であり［丹波・清水編 2019］、必ずしもストレートには進まない生活再建の難しさを示唆している。早く住宅再建すればよいというものではなく、一人ひとりに被災後に流れる時間があることを示唆している［関編 2015］。

◆住宅確保をめぐる心情の複雑さ

「家はどうでもいい。いつでも売れるから」といった、ようやく新築した住宅に心理的距離を置くような言葉を被災者・避難者から聞いたことは一度だけではない。「ちっとも嬉しくなんかない」という言葉もあった。なぜ、ようやく確保した住宅への喜びのコメントではなかったのか。聞いていくとこの言葉には、いくつかの意味が込められていることがわかった。一つは、「震災直後から住んでいた応急仮設住宅をいずれ出なければならないので、自宅を再建したり、中古住宅を購入したりしたが、しばらく住む場所を確保しただけだから、新居への愛着などはないんだ。生活できるスペースがあればいいんだ」という気持ち。また、新しい住宅は確保したが、思い出が残る避難元の住宅の代わりにはならないという気持ち。そしてもう一つは、例えば「ようやく満足できる自宅を再建できた」と周囲に発言することで、偏見や嫉妬の対象とならないよう、自己防衛として新居に心理的距離を置く発言をする場合である。

ようやく自宅の再建が終わり、安堵している人はもちろん多い。住宅確保に動きが見え始めた二〇一五年の夏には、「これで、ようやくお盆に家族・親族が集まれます」という報告が複数あった。とくに早い時期に住宅を確保した家族にとっては、日々の暮らしを送るためだけではなく、親族の集い、娘のお産などの家族のイベント、すなわち家族機能の発揮が住宅確保の契機となることも多かった。日常生活は応急仮設住宅扱いとなっていた手狭な民間アパートでもよいが、ハレの日のお祝いは自宅に家族が集って行いたいという思いが、浜通りの一定年齢以上の人びとの心情にあるのだろう。

その裏で、無我夢中でようやく手に入れた新居とあえて距離を置こうとする発言の裏にある心情を、当事者以外の人が理解することは容易ではない。そしてAさんのように、住宅が確保できたからといって、避難先で納得できる生活再建はそう簡単なことではない。実際に東京電力からの住宅確保損害の賠償金などにより住宅再建をした後に、福島県内への帰還ではなく、茨城県内でさらに転居をした世帯も複数ある。理由は子どものいじめや近隣関係の不和など、さまざまであった。周囲の目には、再建した住宅の外観が見えるだけで、複雑な心情を周囲から理解してもらうことが難しい状況は、当事者を孤立させることにもつながる。同時に、常に周囲からどう思われるかを意識せざるをえない状況は大きなストレスでもある。

3 時間の経過と新たな「被害」

時間の経過が解決する問題もあれば、時間の経過とともに生まれる新たな「被害」もある。茨城県では、先述したように、被災地で操業していた工場や事業所がラインごと茨城県に転籍したケースも少なくない。原発避難ではあるが、企業関係者とともに移ってきた転勤者でもある。被災地では震災により一時休業した後、完全に閉鎖された事業所もあれば、再開している事業所もある。

◆避難指示区域の解除と帰還への圧力

被災地域から多くの従業員を受け入れていた茨城県内のある事業所では、「いつでも辞めていいから」という言葉が被災従業員に向けられていた。避難指示区域が解除されるにつれて、当該地域出身の従業員に避難元に戻るような圧力が陰に陽にかけられるようになったという。避難先の事業所で被災前と変わらず管理職として働いていた浪江町出身の男性Bさんは、周りの同僚の様子を見ながら、いつか自分もそのような立場になるのだろうと思いながら過ごしていた。実際、自分の町の避難指示が解除されると、これまでぼんやり感じていた「避難指示は解除されたんだから地元に帰るか、それが嫌なら会社を辞めるか」という選択を迫る無言の圧力を強く感じるようになった。

浪江町に戻る意思がなかったBさんは会社に居づらさを感じるようになり、避難元への転勤命令が出されたことを契機に自ら辞職を選んだ。誇りを持ち長年仕事に向き合ってきた、当時四〇代半ばだったBさんにとって、辞職という選択はまったくもって不本意な選択だったのであり、この辞職をきっかけにBさんは精神的な不調に陥り、引きこもりがちな日々が五年ほど続いた。

Bさんは、被災後も同じ企業での就労が継続し、避難先でも管理職という立場にあったため、経済的には安定していた。しかし約六年が経過し、避難指示区域の解除によって辞職を選択せざるをえない状況となり、無職の状態で経済的にも厳しくなり、仕事人間であったBさんのアイデンティティは奪われることになった。限られた選択肢の中で自ら辞職したとはいえ、これらの要因から心身の不調につながった。

例えば、「避難指示解除準備区域」や「居住制限区域」における避難指示解除は、時間の経過による放射能レベルの低減を意味し、これらの避難指示解除が地域再建に向かう復興への一つのメルクマークとして語られる。それまでは、避難先での生活を受け入れていた住民も、いざ避難指示が解除されると気持ちが揺さぶられることもある。こうした感情の揺れとは別次元で、Bさんのように、被災者・避難者にとっては本人の意思とは関係なく、避難指示解除が帰還を迫る圧力として働く場面がある。いわゆる「帰還圧力」は、避難元の自治体や地域社会、家族・親族といった、避難元コミュニティとの関係で発動することが多いが、Bさんの事例は避難先での就労関係の中で発生していた。避難元でも避難先でもかけられる「帰還圧力」は、行政による避難指示解除を正しさの根拠とする言動であり、当事者の意思決定を尊重しない、また当事者が置かれたさまざまな複雑な状況への無理解が背景にある点は共通している。

Bさんはその後、回復傾向にある。心配した娘が水戸市の避難者支援団体[5]に連絡を取り、そこで紹介された原子力損害賠償・廃炉等支援機構の無料相談会で、自分の身に起きたことを弁護士に語ったことをきっかけに、社会復帰の道に向かっている。無口なBさんは、「弁護士に話したことで、何か吹っ切れたんだろうなぁ。初めて人に話したもんな」と語る[6]。引きこもりがちだったBさんが無料相談会に参加したこと自体が娘や妻にとっては大きな出来事だったし、そこで弁護士に自身のことを語ったことも驚きの展開だった。その後、すぐにハローワークに問い合わせて得た仕事を、Bさんは契約社員として一年以上継続している。若い従業員が次々と辞めていくような重労働に耐える必要があり、誰とも話さずに仕事を終える日々が続くため、自宅では体調を崩し吐くこともあった。給与も管理職だった以前と比べると大幅減ではある。それでも、再就職後に初孫ができたことも大きな喜びとなり、Bさんは一日も休むことなく勤務を続けている。

◆国内での生活再建の剝奪――外国籍被災者の事例

韓国出身の女性Cさんは、双葉町で被災し、埼玉県加須(かぞ)市での避難生活を経て、双葉町出身の住民が多くいる茨城県つくば市に移ってきた。震災前は、経営者だった夫の死亡により、事業をCさんが引き継ぎ、従業員の協力も得ながら経営の指揮を執っていた。

震災直後はつくば市にも事業所を置き、債権回収や東電への賠償請求などの手続きを行っていた。また双葉町の公共事業の一端を請け負い、数年は事業を行っており、税法上も休業の手続きは行っていなかった。しかし、双葉町に会社があるとしても、帰還困難区域の中にあるため震災前のように事業を行うことはできない。また、Cさん自身、避難生活の中で心身の不調があり通院もしており、例えば双葉町以外の地域で企業を立て直し、新たに事業を興すような気力は取り戻していなかった。

Cさんは震災後、経営者としては十分には活動できない状況ではあったが、引き続き日本で生活し、会社と個人の資産管理や夫が眠る双葉町のお墓の管理等、自分のやるべきことをしっかりやっていきたいという意向を持っていた。会社再建の希望も捨ててはいなかったが、双葉町の避難指示が継続している状況での判断は難しく、避難指示が解除された後の状況をみて判断したいと思っていた。

つくば市での生活は安定しており、つくば市の町内会にも参加するなど地域で行われるイベントや避難者交流会にも参加していたCさんは、体調は万全とはいえないまでも、つくば市内での人間関係の中で生活していた。韓国出身のCさんは年配者への敬愛が強く、筆者と一緒に神戸に震災復興視察に出かけた際も、双葉町の同郷の住民とともに参加し、年配の住民の手助けをするなど、信頼されている様子は十分感じられた。

問題となったのは、Cさんの在留資格である。Cさん夫婦には子どもがいなかったため、夫の死後は、Cさんは在留資格「経営・管理」を更新しながら双葉町で生活していた。在留資格の更新は、震災前には三年ごとであったのが、原発事故により会社の経営状態が不安定であるとの理由から在留期間が一年となり、毎年、更新手続きをする状況が続いた。在留資格が一年更新である限り、制度上、何年経っても永住許可申請に至ることはできない。仮に福島第一原発事故が発生

していなければ、震災前からの在留期間は入国以降一〇年が経過しており、永住権はすでに得られていたはずである。(7)

就労ビザの「経営・管理」在留資格は、ビジネスを展開していないと剝奪される。Cさんの事業所は帰還困難区域の中にあり、事業展開ができず、資金の出入りがない状況が続いた。資金の出入りがないと事業を行っていないと判断され、「経営・管理」の在留資格を出すことは難しくなると仙台入国管理局(二〇一九年四月より仙台出入国在留管理局)から言われていた。二〇一一年三月から五年程度は問題なくビザが発給されていたが、いずれは「経営・管理」在留資格の継続が難しくなることが、入管側から伝えられるようになった。

Cさんの状況を聞いた水戸市の避難者支援団体やCさんの身元引受人を請け負った知人は、仙台の行政書士や福島県とも相談しつつ、この不条理な状況に対して「嘆願書」を仙台出入国在留管理局に提出した。だが、これらが聞き入れられることはなかった。入管は在留資格の延長をしない判断を下すと、二〇一九年一〇月二九日にCさんの目の前で在留カードに穴を開け、Cさんの在留カードは無効となった。この日から一か月以内の国外退去が命じられ、Cさんは二〇一九年一一月二〇日、日本を去ることとなった。

Cさんは、東日本大震災・福島第一原発事故がなければ、今頃は経営者として永住資格が得られていた。それが、現実には国外退去という状況に置かれ、不本意ながら、夫から引き継いだ事業を畳むことを決め、従業員や知人の協力も得て二〇二二年にようやく会社の解散手続きが完了した(写真9-2)。生活拠点をほぼ失っていた韓国にて新たな生活を始めているが、日本とも行き

写真9-2　Cさんの事業所の解体作業（2022年2月，双葉町）
写真提供：小野田真澄

来をしながら安定的な生活に向かう途上である。

震災・原発事故により、当たり前の日常生活が突然奪われ、さらに長期の避難生活を余儀なくされている状況、また積み上げてきた社会関係の喪失などは、多くの被災者・避難者が経験していることである。Cさんはそれらに加えて、会社経営の不安定化という被害を受けながら、外国籍であるという理由により、本人の責任とは無関係に発生した「被害」（会社経営の不安定化）のために、在留資格の更新が不安定化し、無効になるという二重の被害を受けることになった。Cさん自身が最もショックを受けていることは間違いないが、Cさんを支え、入管にも同伴していた双葉町住民（女性）は、この国外退去という不条理については、「こんなことがあってよいのだろうかと思います。入管は、Cさんを『経営者』としか見てこなかったけれど、被災をした一人の個人としてCさんを見てほしかった」と語った。

自らが生活の基盤としていた日本から追い出されるという不条理、不合理を、Cさんはどのように受け止めていたのか。受け止めざるをえなかったのか。支援団体等が入管に「嘆願書」を提出した際も、Cさんからの要望があって動いたわけではない。Cさんの状況を知る支援団体、知人、そして行政が、何もしないままにCさんの在留資格が剝奪されるのは不当であると感じ、動いた。社会的な声をあげようとはしないCさんに「今後、どこでどのように生活していきたいですか」と聞くと、「今のまま、知人との交流もあるつくば市での生活を続けたい」というのが望みだった。Cさんの心中に秘められた望みは、「経営者」という一側面からしか判断しない入管に聞き入れられることはなかった。

Cさんのようなケースが他にあるのかは不明だが、外国籍の被災者・避難者の中には、日本国内での生活再建の機会が剝奪され、国外退去に追い込まれたケースがあったことは、広く知られるべき事例だと思われる。被災者・避難者に対して国籍によって公平な扱いとはなっていないという点では、明らかに環境的不公正であり、災害分野における環境正義という文脈から議論が必要だろう（本講座第1巻第7章［原口 2023］参照）。そのためにも、より多くの外国籍の被災者についての調査が必要とされている。

4 「生活再建」が持つ複数の顔——被害の不可視化

住宅再建や「生活再建」の過程における当事者の心境や状況について、いくつかの事例を示したが、東日本大震災・福島第一原発事故後の歩みは一人ひとり異なっており、「生活再建」の実情も多様極まりない。それを承知のうえで分析せざるをえないが、被災者・避難者にとって「生活再建」は複数の顔を持っている。

一つは、被災者自身が自らの希望として、失ったものを取り戻したいという欲求としての「生活再建」があり、これは被害回復の権利という側面がある。次に、これに外在する形で、歳月の経過とともに「生活再建」への自助努力が同じ立場にある被災者・避難者を含む周囲から期待されており、また、その社会からの期待としての「生活再建」を多くの被災者が内面化しているという点である。公害問題において、被害者が暗に自立や自助を求められてきた状況と重なる部分もある。ただし、原発事故後の避難と公害問題の被害で異なるのは、原発事故後の被災者は、避難元での暮らしを奪われたことが第一義的な被害であり、住宅再建や雇用の確保などにより「生活再建」を果たすことが被害回復の重要な一歩とみなされる点である。本章で紹介したように、実際には住宅再建や雇用確保などは被害回復の一面にすぎないが、「生活再建」が社会的に期待されており、その社会規範を避難の当事者も内面化している、という点である。すなわち、「生活再建」が一種の責務として、自身に覆いかぶさってもいるのである。

社会的にも「生活再建」が期待される一方、住宅再建を果たした段階で、外見的な部分しか見えないため、新たなまなざしや偏見にさらされることもあり、これも不条理このうえない。水俣病においても、補償金をもとに自宅を再建した人が「水俣御殿」などと揶揄された事例は報告されているが、福島第一原発事故においては、例えば避難指示が出されたままの区域の住民は事故前の自宅には帰ることもできず、福島県内外を問わず、自宅の再建あるいは確保が求められているにもかかわらず、周囲からのまなざしを気にしなければならない理不尽な状況も発生している。

環境リスクが現実態となった場合、環境汚染が発生した地域や住民に向けられるスティグマは、諸外国の公害研究でも広く指摘されている［Edelstein 2018; Becker 1997］。福島第一原発事故以前から構造的に原発は過疎地に建設される傾向にあることから、構造的に差別を包含していることは指摘されてきた。しかし、ここで議論しているのは、被災した人びとが被害から回復しようとしている局面での偏見・差別であり、それが人びとの被害からの回復を妨げる要因となりうるという点である。誰もが被害から回復する権利があり、被災前と同等、あるいは被災前よりも充実した生活を送る権利がある。その人びとの権利を阻害しているという意味で、重大な権利の侵害としてとらえられるべきである。本章で紹介したCさんの事例は、偏見や差別にとどまらず、日本の「出入国管理及び難民認定法」という制度が外国籍の被災者・避難者の本人が望む生活再建を妨げ、ましてや国外退去を命じる事態になっていることを示した。

さらに、さまざまな困難をくぐり抜け、地域再生や「生活再建」が重ねられていき、被害はよりいっそう見えなくなっている。一〇年以上に及び、「生活再建」の歩みをわずかに共有してきた立場からは、避難先での無我夢中での住宅確保や再就職や近隣付き合いなどの努力を通して「生活再建」が進めば、それまで存在していた被害の実態は社会的にはもはや存在しなかったかのようである。つまり、Aさんの事例のように「生活再建」は当事者にとっても社会的にも望ましい状況ではあるが、「生活再建」が一歩進めば、昨日まであった苦悩や課題は最初から存在しなかったかのように上塗りされていく。さらに、実際には家族内の問題や避難元に残した問題があったとしても、復興や「生活再建」が重ねられていくことで、また時間の経過とともに被害はよりいっそう見えなくなっている。

そして、何が被害なのかも曖昧である。「避難先の俺は幽霊」と新聞記者に語った男性がいる。(8)新築した自宅で、孫を含めた家族と日々生活していながらも、「避難先の俺は幽霊」と自己表現する男性は、避難元の浪江町の復興には関心とあきらめを持ちつつ関わっている。こうしたなかで、これからも多くが避難先で生活をしていくうえでの「生活再建」の主体として、規範としての「生活再建」ではなく、権利回復としての「生活再建」を進めていくために、どのような取り組みが有効であろうか。

権利回復を進める主体として、Aさんのように、当事者グループを結成し、自分たちで交流の場をつくり、自らのあるいは仲間の居場所をつくる活動が展開されている。茨城県内では、各地で今もなお一〇以上の当事者グループが活動を続けている。出身町ごとのグループが多いが、定期的に集うことが生活の一部となっている人もいる。これらのグループは、震災直後の二〇一一年や二〇一二年に結成されたグループと、二〇一六年以降につくられたグループに分かれており、後者の方が数は多い。二〇一六年以降に結成されたグループは、住宅確保などのフェーズがある程度済んだ段階で、復興支援員の努力もあり、住民同士がつながるために組織化された。水戸市の避難者支援団体もこれらの活動を支援するための関係づくりや助成などを行っており、二〇二二年に新たに活動を開始した当事者グループもある。コロナ禍で一時期、開催が途絶えたグループもあるが、これらの交流会は、とくに年配の人にとっては避難先での貴重なそして数少ない居場所である。避難先でのコミュニティづくりは、避難者同士、あるいは避難先の住民も交えてのいずれでも、「生活再建」後の孤立を防ぐためにも、今後より重要となってくるだろう。

5 おわりに

福島から原発事故により自宅を離れざるをえなかった家族が新しい住居を確保するとき、周囲の人にとって目の前に現れるのはその新しい住居だけであり、家族が福島に残してきた土地や家屋、失った愛おしい日常、薄れかけていく記憶、誰にも言えず言葉にならない感情に蓋(ふた)をしつつ生きる日常などは、新しい住居を見ている人は理解することが難しい。避難先の受け入れ地域の住民が、被災者・避難者が失ったものの総体(あるいは一部でも)を理解できない、想像できない場合は、再建された住宅の外観しか目に入らないことで、避難者への偏見・差別につながることもあった。

そもそも、避難を強いられた被災者がその住宅確保などの「生活再建」、すなわち被害の回復までを求められているという点、さらにその「生活再建」の局面においても偏見や嫉妬にさらされ、新しい生活に大きな影響を及ぼしていることを指摘しておきたい。

時間が経過することで新たに発生する課題についても指摘した。帰還困難区域を除いて避難指示は解除されたため、「戻ることができる地域」となった場合に、Aさんのように避難先での生活再建を途上で転換する家族もいれば、避難先での生活が安定したために「戻ることを選択しない人びと」も多数いる。Bさんのケースでは、事故直後から避難先で比較的安定した生活を送っていたにもかかわらず、避難元地域の避難指示解除に伴い、「転勤命令」という「帰還圧力」によって不安定な立場に放り出されてしまっていた。一見、復興に近づいているように見える状況が、被災者・避難者にとっては就労の不安定を生み、経済的そして精神的な不安定をもたらしていた。時間の経過によって、被災者・避難者が置かれた状況が変化し、なかには状況が悪化する人もいることを忘れてはならない。

そのような際に、制度的な支援が解決できる局面は限られており、相互支援や交流の場が持つ力は今後ますます重要になってくると思われる。その点では、被災者・避難者への個人レベルでの支援や福島県が設置する生活再建支援拠点だけではなく、小規模な当事者グループへの支援もあわせて充実化していくことが望まれる[9]。

当事者が語ることがなければ被害もそこからの回復も見えてこない。私たちは福島第一原発事故の被害をどの程度、把握しているだろうか。避難者支援活動に関わり、身近に当事者がいる場合においても、個々の当事者が抱える状況を理解していないことを突きつけられる場面が何度もあった。状況は常に変わりつつあり、被害もその克服・改善も常に変化しているからこそ、記録に残しておくことが求められる。また、被害回復の一歩とされる「生活再建」はそう単純なものではなく、環境社会学にとって、そこにある見えない被害、埋もれていく被害、そして新たに生まれる被害に敏感であることが重要なことは本章の数少ない事例が示している。Cさんのように、関わりがあったからこそ見えてくる被害もある。外国籍の被災者を含め、より脆弱な立場にある被災者・避難者が、東日本大震災・福島第一原発事故においてどのような経験をしたのかを含めて、十分に議論されていない領域は多く残っている。被害の様相は浅くもなり、深くもなっている。被災や避難に伴う多くの苦難を抱きつつも、より良い生(ライフ)を希求し、力強く生き続ける人びとの声に丁寧に耳を傾けていく必要があることは、今後も変わりない。

註

(1) ここでいう「現実態」となったリスクとは、寺田良一によると、潜在的リスクであったものが、事故等によってそのリスクが顕在化する状態のことをいう[寺田 2016]。

(2) 茨城大学市民共創教育研究センター「茨城県内への広域避難者アンケート」(研究代表者:原口弥生)二〇一六年。

(3) Aさんへのインタビュー(二〇一九年一〇月二二日、浪江町にて)。

(4) Aさんへのインタビュー(二〇二一年一一月三日、浪江町にて)。

(5) 本章に記載のある水戸市の避難者支援団体とは、「一般社団法人ふうあいねっと」である。筆者は、当団体の代表理事として活動に関わっている。なお、本章で取り上げるケースにはこの支援活動を通して知りえた情報も含まれているが、すべて本人の許可を得て掲載している。

(6) Bさんへのインタビュー(二〇二三年二月二五日、ひたちなか市にて)。

(7) Cさんは、夫との婚姻時には「日本人の配偶者等」の在留資格にて双葉町で生活していたが、夫の死後、「経営・管理」へと在留資格を切り替えている。「配偶者」の在留資格から永住権取得には婚姻生活が三年継続することが要件とされているが、Cさんの夫は結婚後、約一年で死去しており、「日本人の配偶者等」の在留資格から永住権の取得の道は閉ざされていた。災害時の外国籍被災者の保護という観点において、日本の在留資格制度の矛盾が表れた事例である。

(8) 「朝日新聞」茨城版、二〇二一年三月九日「わたしと故郷　東日本大震災一〇年 5　浪江から結城に門馬光彦さん」。
(9) 二〇二二年度に福島県が実施する「令和四年度福島県外避難者帰還・生活再建支援補助金」事業は大きく方針転換されており、茨城県内では以前から継続されていた交流会の開催が難しくなった団体もある。

付記

本稿は科学研究費補助金(19K02096)の成果の一部である。記して深謝いたします。

第10章

福島原発事故からの「復興」とは何か

復興神話とショック・ドクトリンを超えて

関 礼子

1 「復興」の横顔

福島第一原子力発電所事故からの「復興」とは何だろうか。二〇一二年に制定された「福島復興再生特別措置法」は、福島の復興と再生の基本理念を定めている。それによると、第一に、福島の復興と再生は、安心して暮らし子どもを生み育てられる環境の実現、地域経済の活性化、地域社会の絆の維持及び再生を図ること、ならびに住民一人一人が災害を乗り越えて豊かな人生を送ることができるようにすることを旨として行われなければならない。第二に、そのための施策は、地方公共団体の自主性と自立性を尊重し、地域コミュニティの維持に配慮して講じられねばならない。第三に、放射性物質による汚染状況や健康への影響、復興と再生の状況について正確な情報の提供に留意しなくてはならない。

「福島の復興」に関して政策レベルで確立した定義があるわけではないが〔除本 2015: 3〕、避難指示区域の場合、復興は、除染を進め、インフラを復旧し、避難指示を解除し、復興事業で産業を興し、帰還者や定住人口を増やすという手法で進められてきた。その一〇年の到達点を示すとともに、山積する諸課題を意識させたのが、「復興五輪」と位置づけられた東京2020オリンピックの聖火リレー(二〇二一年三月スタート)であった。

スタート地点になった「Jヴィレッジ」(広野町・楢葉町)は、福島原発事故対応の拠点として使われてきたが(写真10−1)、二〇一八年にサッカーのナショナルトレーニングセンターとしての顔を取り戻した〝復興のシンボル〟である。二〇一九年にはJR常磐線に臨時駅「Jヴィレッジ駅」が開業し、二〇二〇年三月の常磐線の九年ぶりの全線再開にあわせて常設駅になった。Jヴィレッジでは聖火リレーに先立って、「福島はオリンピックどごでねぇ」、「原発事故は収束していない。見せかけで五輪ムードを煽る。虚構の五輪だ」と訴える市民グループの集会が開催されていた。(1)

避難指示が解除された区域のコースは、真新しい施設と街並みが復興をアピールし、その裏に横たわる被害の深淵は見えにくくなっていた。例えば、コース地点になった広野町の中高一貫校「ふたば未来学園」の開校は、サテライト校として維持されてきた双葉郡の県立高等学校の募集が停止された二〇一五年であった。二〇二一年度当初予算が過去最大の二九五億円となった大熊町では、特定復興再生拠点区域(復興拠点)として二〇一九年に避難指示が解除され、役場新庁舎が新設された大川原地区(写真10−2・10−3)がコースに選ばれたが、町内に中間貯蔵施設を抱えており、

写真10-1　原発事故後のJヴィレッジ前（2011年4月，楢葉町）．
第一原発20kmに位置するJヴィレッジは事故対応の拠点となり，
警戒区域の設定で，この先の立ち入りは原則禁止された
撮影：新泉社編集部

事故原発の廃炉作業も険しい状況下にある。真新しい駅舎の前をランナーが走った双葉町では、その時点においてはまだ住民が一人も帰還できていなかった。

いったい、復興とは何だろうか。「人間の復興」[福田 2012]、「生活（life）の復興」[関 2013]が伴わないハード中心の復興への疑念や、人間と生活を置き去りにする復興政

写真10-2　大川原地区に新設された
大熊町役場新庁舎での町民の集い（2019年9月）
撮影：新泉社編集部

写真10-3
大川原地区に建設された災害公営住宅（2019年9月，大熊町）
撮影：新泉社編集部

策への批判は、「復興の妨げになる」という空気に遮断されがちであった。放射能の影響を心配する声を「風評被害」とし、復興が進まない責任を避難し続ける人びとに分配しながら、被害は修復されぬまま放置されてきた。

「人間の復興」は、「個人の尊重」という憲法の実現にあるという指摘にもかかわらず［津久井 2012: 120–123］、いまや、福島の復興は、新たな「安全神話」を補強する「復興神話」として機能し始めているだけでなく、新たな「災害」を福島にもたらそうとしている。この章では、避難指示区域の「復興」について論じるとともに、新たな災害をもたらそうとする「復興神話」にいかに抗うことができるのかを考えてみたい。

2 「安全神話」と「復興神話」

◆危険（リスク）に対する思考停止

はじめに、福島原発事故前にさかのぼって、「安全神話」の来歴をひもといてみよう。

啓蒙は、人間から恐怖を取り除き、事物を管理し、呪術からの解放をもたらしてきた。科学技術が進歩の背後で危機を生み出すかもしれないという想像力は、科学技術によって正すべき啓蒙の対象となる。原子力発電所が生み出す危険に対処し、放射能の危険を管理しながら原子力発電を推進していくためには、原子力発電の必要性を掲げ、危険を管理可能なものと定義し［Beck 1986 = 1998: 29］、安全を表明し続けねばならない。

他方で、啓蒙は世界を再呪術化する。原子力発電所は規制され、制御された、安全で、安価で、クリーンな基盤エネルギーであり、社会に豊かさを、立地自治体に経済効果をもたらす。――広告と宣伝による啓蒙は、人びとを原子力発電所の安全性と必要性という神話の世界に誘(いざな)ってきた。その神話は早い段階から、危険に関して思考停止させる「空気」を充満させてきた。

安全といわれれば、結局それを信じる以外にない。危ないといわれればそんな気もしてくるが、いまは安全というオスミツキを信じる以外にない。(福島県大熊町首脳、「読売新聞」一九七五年一月八日)[反原発事典編集委員会編 1979: 348]

原子力は必要なんだ。危険だ、安全だという議論はムダだ。(佐々木義武・科学技術庁長官=原子力委員長、政府広報誌『時の動き』一九七五年四月一五日)[反原発事典編集委員会編 1979: 346]

一九六一年の「原子力損害の賠償に関する法律案想定問答」が、巨大な災害や社会的動乱によって国家的な規模の大災害時の賠償を規定する理由に、「身体障害、財産損害の何れについても、一時的な現象に止(とど)まらず、相当長期化する惧(おそ)れもあり、又遺伝的影響等国民保健の面からも特別の考慮をする必要があるほか、更に放射能は災害地域内に止まらず、広く拡散する危険性がある等の特殊性がある」と述べていたことに比べると[小柳 2015: 167–168]、一九七〇年代には危険への感度が明らかに後退していたことがわかる。

一九九〇年にもなると、裁判所でさえもが、発電量の約三割を占めるまでになった原子力発電所について、「反対ばかりしていないで落ちついて考える必要がある」、「原発をやめるとしたら、代替発電は何にするのか」、「結局のところ、原発をやめるわけにはいかないであろうから、研究を重ねて安全性を高めて原発を推進するほかないであろう[2]」と判示したのだった。

◉福島の復興と「安全神話」の再構築

原子力発電所の安全が「安全神話」にすぎないのではないかという指摘は、米国のスリーマイル原子力発電所事故(一九七九年)、旧ソ連のチェルノブイリ(チョルノービリ)原子力発電所事故(一九八六年)、日本国内の原子力発電所事故のたびに繰り返されてきた(表10-1)。神話は、妄信の中にあっては、神話とは呼ばれない。危険は制御され、規制されうるのだから、あとには安全しか残らない。科学技術が神話の創造主になりうるとは認めるべくもない。

福島原発事故は、ついに、こうした科学技術への信頼を失墜させ、「安全神話」を完全に瓦解させたように思われたが、神話は再生産されている。福島原発事故一〇年検証委員会による『民間事故調最終報告書』は、福島原発事故後の原発再稼働にあたり、「世界一厳しい」規制を謳うことで、結果的に「新たな『安全神話』を再生産してしまったきらいがある」と指摘している[アジア・パシフィック・イニシアティブ 2021: 292]。「震災からの復興」「風評被害の撲滅」を掲げた広告・宣伝も[本間 2016: 189]、福島原発事故からの回復可能性(レジリエンス)を強調することで、事故の被害を矮小化しながら、「安全神話」を再生産・強化している。

表10-1　見出しに「安全神話」を掲げた原子力関係の記事一覧（福島原発事故発生前）

スリーマイル原発事故（1979.3.28）を受けて	
1979.4.1	【朝】「安全神話」お粗末防災　狭い道路，逃げ道なし　権限も与えず地元任せ
1979.4.7	【毎】不可解な“安全宣言”安全神話崩れた今こそ原発止め総点検を
1979.12.4	【毎】原発安全神話の崩壊の年　見習うべき先進諸国　討論重ね世論聴く態度（野間宏）
チェルノブイリ原発事故（1986.4.26）を受けて	
1986.4.30	【毎】「いつかは日本で」　安全神話崩れ「反原発」再燃
1986.4.30	【朝】「安全神話」絶対か　各地で33基運転中
1986.4.30	【朝】ソ連原発事故，国内にも不安と憤り　「安全神話」絶対か
国内原発事故・裁判を受けて	
1991.2.10	【読】美浜原発事故“安全神話”に衝撃　見抜けなかった異常
1991.2.14	【毎】現地報告・美浜2号機原子炉緊急停止 困難な完全チェック　揺らぐ安全神話
1991.2.14	【朝】「安全神話崩れた」美浜原発事故で玄海・川内の脱原発団体
1991.3.12	【読】福井・美浜原発事故原因判明　揺らぐ“安全神話”
1991.10.10	【読】高浜原発差し止め訴訟 広域原告団「安全神話」崩れたとアピール／大阪地裁
1993.12.24	【朝】高浜原発2号機差し止め訴訟　「安全神話」に司法の疑問
1999.11.1	【毎】「臨界事故で安全神話吹き飛んだ」――つぶそう！上関原発県集会／山口
2000.3.23	【毎】敦賀・原子力防災訓練“安全神話”崩れやっと官民一体
2000.4.27	【毎】東海村臨界事故　「安全神話」はありえない 被害者の大泉昭一さんが講演
2000.11.1	【朝】鳥取地震は安全神話への警告（石橋克彦）
2004.9.4	【毎】福井・美浜原発事故：県警強制捜査 「安全神話」自壊の果て――ずさん関電に不信
2007.3.27	【毎】取材ノートから：安全神話の崩壊／山形
2009.9.18	【朝】さまよう原子力「安全神話」　茨城・JCO事故から1年，現状と課題

出所：朝日新聞【朝】，読売新聞【読】，毎日新聞【毎】のオンラインデータベースをもとに筆者作成.

なぜだろうか。第一に、福島の復興は、事故から一〇年以上を経ても原子力緊急事態宣言の解除のめどが立たない福島第一原子力発電所の「安全」を前提にしている（写真10-4・10-5）。福島第一原子力発電所をはじめ、県内すべての原子力発電所の廃炉は「安全かつ着実に進められなければ」ならず、「これは、福島復興の信頼にも関わる」[福島県 2021: 1]。逆説的ではあるが、目に見える確実な「復興」は、目に見えない不確実な「安全」への関心を削いでいくことになる。

写真10-4・10-5
2018年に開設された広報施設「東京電力廃炉資料館」
（2019年9月，富岡町）
撮影：新泉社編集部

第二に、福島の復興は、原子力発電所の安全で安心な再稼働を保障する。政府は、「再稼働に求められる安全性が確認された原発の再稼働を進める」が、「万が一、実際に事故が起きた場合には、政府として責任をもって対処する」[3]と表明している。福島の責任ある復興は、これからの「万が一」にも対処しうる、安全と安心のためのデモンストレーションとして位置づけられるのである。

3 帰還政策と復興事業

◆避難指示区域の解除要件

原発事故後、避難指示区域は何度か名称を変えながら、避難指示の範囲を変えてきた。事故直後は福島第一原発二〇キロメートル圏内の避難指示区域と三〇キロメートル圏内の屋内退避区域、四月二二日からは二〇キロメートル圏内の警戒区域（原則立ち入り禁止）と三〇キロメートル圏内の緊急時避難準備区域に加えて、放射線量が高い三〇キロメートル圏外に計画的避難区域が設定された。九月三〇日に緊急時避難準備区域が解除され、二〇一二年四月一日からは警戒区域と計画的避難区域の見直しが始まり、順次、避難指示解除準備区域、居住制限区域、帰還困難区域に再編された。

再編後の避難指示区域のうち、避難指示解除準備区域と居住制限区域は二〇二〇年三月までにすべて解除された。これら地域の住民の帰還政策は、どのように行われてきたのだろうか。

避難指示区域の解除の要件は、①年間積算線量が二〇ミリシーベルト以下になること、②生活インフラ（電気、ガス、上下水道、交通網、通信等）や生活関連サービス（医療、介護、郵便等）が復旧し、子どもの生活環境の除染が十分に進捗していること、③県、市町村、住民との十分な協議の三点である。(4)

✹除染をめぐる問題

そこで、最初に年間積算線量二〇ミリシーベルト以下にすべく除染作業が行われる。除染範囲は生活圏とされ、森林は含まれない。生活圏周辺の森林が林縁から二〇メートルを目安に除染されるのみである。除染で生じた土壌や放射性廃棄物は、田畑などに設置された仮置き場で保管された後に中間貯蔵施設に運び込まれるが（写真10-6・10-7）、運搬時の除染土壌の飛散を懸念する声も出た。

こうした状況下では、子育て世代は帰還を躊躇せざるをえない。一般公衆の年間被ばく線量限度一ミリシーベルトを大幅に超える二〇ミリシーベルトを基準にすることはかねてから問題になってきたが、これまでに放射線リスクの低減を政策の根幹に据えようとする姿勢は見られてこなかった。「放射線の影響は、実はニコニコ笑っている人には来ません」という専門家発言、(5) フォローアップ除染は安心のための「心の除染」だという首長発言は、(6) 帰還政策に対する不信感を助長し、非難を浴びることになった。健康とは「現在の安全と将来の保証」であるから［Canguilhem 1966=1987: 177］、被災自治体から要望があった放射線健康管理手帳のような、将来の健康影響に備える制度的保障があれば、不安も軽減されたかもしれない。だが、実際には、「復興」の掛け声のもとで、放射線被ばくの不安を訴える声はノイズのように扱われてきた。

除染対象から森林が除外されたことは、不安の要因であるだけでなく、帰還者の生活に事実と

写真10-6　除染土壌等を中間貯蔵施設に運ぶトラック（2017年11月，楢葉町）
撮影：新泉社編集部

写真10-7　除染土壌と廃棄物の中間貯蔵施設（2021年11月，大熊町）
写真提供：茅野恒秀

して影響を与える。避難指示区域は阿武隈高地を含んでおり、森林もまた生活圏であるところが少なくない。自然の豊かさのなかで行われてきた循環型農業をはじめとする生業(サブシステンス)、里山での山菜・キノコ採りやニホンミツバチの養蜂などのマイナー・サブシステンス活動も制限せざるをえない。

◆インフラや生活関連サービスとハコモノ事業

避難指示解除にあたっては、廃炉作業中の原発災害避難に備える交通網整備のほか、住民の生活関連サービスを整備することが必要である。そのため、小・中学校の大規模改修、商業施設や災害公営住宅建設等による復興拠点の整備(コンパクトシティの推進)が進められる。建設には国の復興予算が投入されるが、「まちの特性(ポテンシャル)に見合わない、巨大なハコモノ事業」[塩崎 2014:50]の維持管理費は、自治体の負担である。

「河北新報」(二〇二一年三月一日付)の被災三県四二市町村の首長に対するアンケートでは、八割にあたる三四首長が、復興事業で整備した施設の維持管理費は「長期的にみると財政面の懸念あり」と回答した。「すでに財政を圧迫」と回答したのは三首長で、避難一二市町村の一つである川内村も含まれていた。

原発立地自治体が電源三法などにより原発依存体質をつくったように、ハコモノ中心の復興は国依存・復興依存体質の自治体を拡大再生産しつつある。インフラやハコモノ整備が財政を圧迫するようになれば、ツケは自治体と帰還者に跳ね返ってくる。復興すべき地域や人の生活が、新たな「復興災害」[塩崎 2014]に見舞われることが懸念されるのである。

❁市町村と避難住民の対立

避難指示解除にあたっては、国が県、市町村、住民と十分に協議することが求められている。だが、協議の場は、往々にして避難指示解除の説明と説得の場になりがちである。避難自治体の職員は、自らも避難者であるにもかかわらず、住民との協議の場では避難指示の解除方針を代弁する立場となり、直接に住民の批判や不満を受け止めることになる。業務の多忙やストレス、役場機能分散による「転勤」などに加えて、住民との対立は職員の仕事への意欲ややりがいを削ぎ、被災自治体職員の離職や休職が増加した[高木 2018]。

国と東京電力に向かうべき不満が、行政や首長に対する不満になって増幅される状況は、原発事故から一〇年以上を経ても存在している。実際、帰還困難区域の解除を進める動きのなかで、「Ｎｏと言わない首長たち、いずれ責任を取らされることは間違いない。住民に不要な不安と解除による不利益を与えた責任の回復を求められるだろう」、「数々の困難を乗り越え、復興を加速化すればするほど国の思うつぼ(7)」といった批判があがってきている。

4 復興事業と「復興災害」——ショック・ドクトリン

新しい産業創出への期待

避難指示区域の復興政策の根本に横たわる問題は、「何の罪もない多くの人々に避難生活を強い、かつ不明瞭な基準による避難解除がエビデンスベースドポリシーの名のもとに進められ、厳密な原状回復が事実上不可能であるにもかかわらず、誰もそのことを公に言及しないまま、あたかも日常的な物損事故であるかのような想定のもとに問題の処理が進められている」[松本 2017:29]ということである。原状回復の困難さは、それを覆い隠していく「創造的復興」や「復興まちづくり」という言葉に置き換えられ、避難指示解除後の自治体の未来地図に色を添えた。

二〇一二年に警戒区域の見直しにより避難指示解除準備区域になった楢葉町の場合、きめ細かい除染やインフラの復旧、コンパクトタウン形成や新産業誘致などにより復興を進めていくこととし、町長や役場職員が避難住民と対話する町政懇談会を重ねたうえで、二〇一五年九月の避難指示解除を迎えた。

原子力災害により大きく失われた安全・安心に対する信頼は、そう簡単に回復できるものではありません。一方、四年以上にわたる避難生活により、町民の健康維持や、地域が築き上げてきた大切な文化や伝統、コミュニティが失われるなどの弊害もあり、避難生活の更な

る長期化は決して望ましいものではございません。(8)

「新生ならは」の創造を目指す復興事業の目玉の一つは、二〇一二年に事業が開始され、翌年から稼働開始した楢葉町沖での洋上風力の実証実験であった。経済産業省の委託事業で、東京大学や日立製作所、三菱重工業など産学連携の「福島洋上風力コンソーシアム」による「浮体式洋上ウィンドファーム実証研究事業」は、福島県浜通り地域に風力発電産業を集積し、雇用創出を目指すものだった。浜通り地域の産業基盤を再構築する「イノベーション・コースト構想」のエネルギー関連産業プロジェクトに位置づけられ、新幹線福島駅構内でもパネルや模型が展示された。楢葉町天神岬(てんじんみさき)には洋上風力の展望コーナーが設置された(写真10-8・10-9)。

写真10-8・10-9
洋上風力を眺望する展望台(2022年6月, 楢葉町).
真ん中のパネルはすでに破損していた
撮影:筆者

福島復興のシンボルとして、世界初の複数基の浮体式洋上風力発電を実現すべく行われてきた実証実験の目的は、①安全性・信頼性・経済性を明らかにすること、②発電事業が見通せるような設備利用率の達成と県や民間主導による本格的な浮体式洋上ウィンドファームの実現、③福島沖の浮体式洋上風力発電システムの実証と事業化により風力発電関連産業の集積を期待することの三点であった。うち、①については目的を達成しつつあるものの、経済性の改善についての検討は引き続き実施することが必要であると記された［福島沖での浮体式洋上風力発電システム実証研究事業総括委員会 2018: 19］。

実証研究は、たしかに復興のシンボルになった。だが、そのシンボルとしての役割は開始から九年で終了した。民間への事業引き継ぎは、経済性がネックになって実現せず、すべての施設が「撤去実証」されることが決まったからである［資源エネルギー庁 2021］。九年間の実証実験に六二一億円、撤去費用に五〇億円とされた事業は、楢葉町にひとときの希望をもたらして、打ち上げ花火のように消えた。

ショック・ドクトリン／惨事便乗型資本主義

実は、楢葉町ではエネルギー産業に対する落胆が続いてきた。二〇一六年に新電力会社として設立された福島電力は、登記上、楢葉町に本店を置き、収益の一部を福島復興に充てるというセールスポイントで急成長した。楢葉町が出資する一般社団法人「ならはみらい」も株主として出資したが、設立から二年弱の二〇一八年に倒産した。(9) 太陽光発電システムを製造するアンフィニ社は、「津波・原子力災害被災地域雇用創出企業立地補助金」四八億円を用いて二〇一七年に楢葉町に新工場を設立し、六〇名以上の雇用を創出したが、二〇二二年に負債総額約八六億八七〇〇万円で倒産した[10]。

復興に寄与するはずだった事業や産業の頓挫は、原発事故からの復興が一筋縄でいかないことを示している。帰還政策を推し進め、元どおりに修復できない地域を新しくつくりかえる試みは、まったくの善意によるものだったとしても、結果的に自治体や住民を「復興災害」に晒し、復興予算と復興意欲を収奪してきた。それは、ナオミ・クラインが『ショック・ドクトリン』[Klein 2007＝2011]で描き出した「惨事便乗型資本主義」を想起させる。

惨事便乗型資本主義とは、「壊滅的な出来事が発生した直後、災害処理をまたとない市場チャンスと捉え、公共領域にいっせいに群がる……襲撃的な行為」を意味する。「人々が精神的なよりどころも物質的な居場所も失って無防備な状況」に陥り、「茫然自失している間に急進的な社会的・経済的改革を進める」ショック・ドクトリンは、新たな災難を連れてくる[Klein 2007＝2011: 上5–6, 10, 28]。

◆復興事業の持続可能性

飯舘村や浪江町津島地区とともに計画的避難区域に指定された川俣町山木屋地区は、二〇一七年三月三一日に避難指示が解除された。復興事業では、復興拠点施設や小中学校の改修、道路整備などハード中心の事業に加え、新しい農業の創造にも力点が置かれた。そのシンボル的な事業が花卉生産設備整備によるアンスリウム[11]生産である。コンピュータ管理のビニールハウスの中で、ポリエステル培地[12]という新素材を用いて、アンスリウムという熱帯の花を育てるのである。

栽培に着手したのは、山木屋地区を含む川俣町住民による「ポリエステル培地活用組合」である。近隣市町村では生産されていないアンスリウムは、川俣町の復興の花と位置づけられ、アンスリウム染めの川俣シルクの開発や、アンスリウムをかたどったクッキーの製造・販売なども行われた。

だが、アンスリウムは栽培施設であるビニールハウスにかかる初期費用が約一億円と大きく、新規参入が困難である。山木屋は川俣町の中でも寒冷で、水を張った田んぼでスケートリンクをつくる「田んぼリンク」が地域おこしに一役買っていた地域であるから、冬季の燃料費がかさんで、収益が思うようにあがらない状況が続いている。しかも、採算に合わない場合のリスクは、生産者が負わなくてはならない。

ここから、復興事業の持続可能性が問題になる。ビニールハウスやポリエステル培地を利用した栽培は、放射能で汚染された土地に適合的で、リサイクル社会を構想するうえで有用な技術かもしれないが、寒冷な山木屋地区の風土に適したものとはいえず、帰還後の生活の安定に資する事業にはなっていない。復興のシンボル的事業が、復興の熱意を持つ帰還者にリスクを負わせる構造的な矛盾を抱えているとしたら、復興は誰のためになされるのだろうか。

❁取り戻したいのは「つながり」

避難指示解除後も住民の帰還が進まず、復興事業も「人間の復興」「生活(life)の復興」に資するものにはなっていない。ならば、福島原発事故からの復興はどのようになしうるのだろうか。地域に根を張りつつある山木屋地区の「語らい処　やまこや」（以下、「やまこや」）の事例から、住民の手によるつながりの再生にヒントを得たい。

「やまこや」は、川俣町に合併する前の山木屋（やまこや）村の呼称を店名にした食事処（蕎麦屋）である（写真10-10）。店主の紺野希予司さんは、父母が営んできた「杉田屋百貨店」の一部門だった電機部門を独立させ、畜産関係の電気工事に特化した会社を営んでいた。その経営を譲って、避難指示が解除された二〇一七年に「やまこや」を開業した。山木屋に帰還したのは、「杉田屋の頃から一〇〇年、山木屋に世話になったから」であり、「戻ることで文化とか歴史が残れば」という思いがあったからである。

写真10-10
「語らい処 やまこや」（2022年6月，川俣町）
撮影：筆者

寒冷地での栽培に適し、雑草に悩まされることが少ない蕎麦は、山木屋地区の風土に適したなじみ深い食べ物である。しかも、蕎麦は趣味の世界で、遠くからも蕎麦を食べることを目的に人が来る。川俣ロータリークラブの仲間の応援で蕎麦を打ってもらい、人が集まる「語らい処」をつくった。利益を求めず、昼の時間帯だけの営業とした。

二、三年もすれば、みんな戻ってくるのかなぁと思ったのですが、なかなか戻ってこない。街(川俣村市街地)にはやきもち焼くくらいに人がいますが、山木屋で復興は目に見えていない。隣近所で助け合って、草刈りだ、川さらいだでやってきたのが、今はありません。人間と人間のつながりが細まっていくのが寂しい限りです。会うのはお葬式くらいで、昔みたいな付き合いがない。(付き合いは)お金では買えないものですよ。隣同士が会えないで、ばらばらになっていることの精神的なダメージは大きいですよ。[13]

「やまこや」は、交流機能と賑わいを生み出し、復興拠点施設以上の役割を果たすようになってきた。老人会や行政区の役員会は、集会所のかわりに「やまこや」を使い、弁当を手配するかわりに蕎麦を食べる。さらに、地産地消で人と地域をつなぎ、風土の食と文化をつなぐ拠点にもなりつつある。

「やまこや」で提供されるのは在来種のソバで、「高原の宇宙(そら)」と商標登録されている。[14] 避難中に途絶えた種を農業試験場(福島県農業総合センター)から四キログラム譲り受けて、帰還した住民が「白い花がきれいだから、景観保全だな」[15]などと言いながら作付けしてきた。交雑を防ぎながら作付けを増やし、「やまこや」で提供されるようになったソバは、「種をつなぐのも、ソバを挽(ひ)くのも山木屋の人、自給自足で十割蕎麦」である。

「やまこや」で提供される「おはぎ」も山木屋の食文化の一つである。農作業の合間の「こじはん(小昼)」に、作業を結(ゆ)いで手伝ってくれる人に「おもてなし」で出していたのだという。このもち米にも、山木屋産が使われるようになった。もち米の生産者は、「つくる楽しみ、みんなで食べる楽しみが必要で、それがプラスお金になれば生活できる」、「前に進むしかない。忘れるしかない」と語る。[16] 紺野さんも「頑張って、前向きに、生活する」と語る。

福島原発事故がその土地にもたらした被害は不可逆である。それでも人びとが取り戻したいもの——地域とのつながり——を、土地の風土の中で取り戻す試みのなかに、「人間の復興」や「生活(life)の復興」の根幹を見いだすことができる。

5 「復興神話」に抗う

復興事業によってアピールされる「復興」は、その内実を省察しなければ「神話」となり、批判してはならないタブーになる。福島県楢葉沖で実用化が断念された洋上風力は、二〇一九年施行の再エネ海域利用法(海洋再生可能エネルギー発電設備の整備に係る海域の利用の促進に関する法律)によって、福島県外で促進区域が指定された。ポリエステル培地は、サスティナブルで新しい農業の可能性を拓く「超軽量リサイクル・ポリエステル繊維培地『生産革命』」として商品化されるに至っている。

「福島の復興なくして、日本の再生なし」という掛け声のなかで、避難指示区域の除染と解除、住民の帰還推進とそのための復興事業が行われてきた。だが、復興の名のもとで行われてきたのは、新しい技術と産業の育成、そして日本経済の復興であり、惨事便乗型資本主義による被災地の搾取ではなかっただろうか。それに対して、帰還した住民が欲してきたのは、原発事故前の地域や生活が取り戻せないとしても、そこに近づけていく一歩一歩ではなかっただろうか。原発事故で避難を強いられた人びとも、『創造的復興』と言った大それた野心は持ち合わせていない。ただ、災害前の生活が取り戻せれば、それで十分なのだ」〔山中 2012: 320–321〕。

福島原発事故から一〇年以上を経て、帰還困難区域の避難指示の解除に向けた動きが加速している〔原子力災害対策本部・復興推進会議 2021〕。帰還困難区域内に定められた特定復興再生拠点区域の避難指示解除が二〇二三年に完了し、拠点区域外についても二〇二〇年代のうちに避難指示を解除する方針が定められた。これら地域は、「復興」の一〇年余から何を学び、どのような復興の道筋をたどるのだろうか。「復興神話」に抗って、住民の手によるつながりの再生を成し遂げうるだろうか。「復興」と復興事業について、立ち止まって考えてみたい。

註

（1）OurPlanet-TV「『福島はオリンピックどこでねぇ』聖火リレー出発地で市民ら抗議」。(https://www.ourplanet-tv.org/40621/)〔最終アクセス日：二〇二三年四月三〇日〕

（2）福島第二原子力発電所原子炉設置許可処分取消請求控訴事件、一九九〇年三月二〇日、仙台高裁判決。

（3）内閣官房ウェブサイト「第三回　原子力関係閣僚会議　議事概要」（二〇一五年一〇月六日）による。(https://www.cas.go.jp/jp/seisaku/genshiryoku_kakuryo_kaigi/dai3/gijigaiyou.pdf)〔最終アクセス日：二〇二三年四月三〇日〕

（4）環境省ウェブサイト「放射線による健康影響等に関する統一的な基礎資料（平成二九年度版）」のQ&A「事故からの回復に向けた取組」QＡ９–23。(https://www.env.go.jp/chemi/rhm/h29kisoshiryo/h29qa-09-23.html)〔最終アクセス日：二〇二三年四月三〇日〕

（5）二〇一一年三月二一日、「福島テルサ」での福島県放射線健康リスク管理アドバイザー山下俊一氏の講演会発言。(https://www.youtube.com/watch?v=rQZAK66eC1w)[最終アクセス日:二〇二三年四月三〇日]

(6)「科学に対する信頼、それを実施する行政等に対する信頼」を人びとの心に取り戻すために「心の除染」が必要だという趣旨の発言(『だて復興・再生ニュース』第一五号、伊達市放射能対策課、二〇一四年、一頁)。

(7) 二〇二二年二月、双葉町の避難指示解除をめぐって住民から届いた私信による。

(8) 楢葉町ウェブサイト「避難指示解除に係る町長メッセージ」(二〇一五年九月五日)。(https://www.town.naraha.lg.jp/admin/cat336/005968.html)[最終アクセス日:二〇二三年四月三〇日]

(9)「日本経済新聞」二〇一八年一〇月二日「福島の新電力スタートアップ、設立二年弱で破産」。

(10) 帝国データバンク「倒産・動向速報記事」二〇二二年四月一四日「アンフィニ株式会社」。

(11) 熱帯原産のサトイモ科の植物で、鮮やかで光沢のある赤や紫、緑色などが特徴的である。ベニウチワ、オオベニウチワともいう。

(12) 土の代わりにポリエステルの繊維の培地を用いて植物を生育させる。原料は古着をリサイクルしてつくることができる。

(13) 二〇二二年三月のヒアリングによる。

(14) この名称は、「東北復興宇宙ミッション2021」で被災県の「復興の種」が国際宇宙ステーションに打ち上げられ、山木屋の在来種ソバも宇宙に届けられたことに由来する。

(15) 二〇一九年三月のヒアリングによる。

(16) 二〇二二年三月のヒアリングによる。

コラムB

未完の復興——福島県広野町のタンタンペロペロの復活と交流の創出

◆廣本由香

人口減少と若者の流出

東日本大震災と福島第一原発事故から一〇年余が過ぎた被災地では、復興事業によってインフラや宅地造成、各種施設が整備され、ハード面での生活環境は整いつつある。その一方で、震災前からの課題だった人口減少は加速し、原発事故と避難によって空洞化した地域コミュニティは衰退の一途をたどっている。

このコラムでは、被災地の窮状を踏まえ、広野(ひろの)町(まち)で伝統的に受け継がれてきた「まつり」の復活から、「心の復興」に向けた小さいけれども確かな一片(ピース)を拾い上げる。

福島県浜通り地域では春先に神輿(みこし)が海浜に下り、潮垢離(しおごり)をとる「浜下(はまお)り神事」が伝統的に受け継がれてきた［佐々木 1997］。双葉郡の南端に位置する広野町でも、毎年四月八日の祭礼日に上浅見川(かみあさみがわ)上流に鎮座する大滝神社(女神)と下浅見川(しもあさみがわ)の鹿島神社(男神)が桜田で出会い、浅見川河口で潮垢離をとる浜下り神事が執り行われ、太鼓を叩く音「タンタン」と笛を吹く音「ペロペロ」から「タンタンペロペロ」(略称、タンペロ)と呼ばれて親しまれてきた［広野町史編さん委員会編 1991］。二〇〇七年には福島民友新聞社の「福島遺産百選」に「浅見川の浜下り神事」が選出され、地域活性化につながる無形文化財としても認められた。

しかしながら、二〇一〇年に大滝神社では神輿の担ぎ手である青年が足りないことや、神事を執り仕切る氏子の負担が問題となってタンペロは中止とされた。さらに、翌年に発生した震災によって鹿島神社のタンペロも中止に追い込まれた。沿岸部の下浅見川地区は津波で被災し、鹿島神社の鳥居も津波によって流され、拝殿が浸水したことで神事に用いる

写真B-1　神輿が太鼓に合わせて駅前商店街を練り歩く（2019年4月）
写真提供：もじゃ先生

道具・衣装等も損傷した。

翌年以降も中止が続いたのは住民の避難が継続したからである。福島第一原子力発電所から二〇～三〇キロメートル圏内、福島第二原子力発電所から町の一部が一〇キロメートル圏内に位置する広野町では、二〇一一年三月一三日に全町民に町長による避難指示が発令され、住民は各避難所に一次避難した。(1) 四月九日からは各避難所からホテル・旅館への二次避難が開始され、同月二二日には町全域が緊急時避難準備区域に指定された。その後、いわき市内の応急仮設住宅への入居を皮切りに三次避難が開始され、多くの住民はいわき市に生活の拠点を置くようになった。同年九月三〇日には広野町の緊急時避難準備区域の指定が解除され、翌年三月三一日には町独自の避難指示も解除されたものの、除染やインフラ復旧が進まない状況において住民の帰還が進むことはなかった。とりわけ、子育て世帯の帰還は停滞した［広野町東日本大震災の記録編集委員会編 2021］。こうした被災と避難の長期化によって、鹿島神社のタンペロも再開するめどは立たなかった。

タンペロの復活

広野町では仮設住宅供与期間が終了した二〇一七年三月末を境に住民の帰還が加速化し、半年後の二〇一七年九月には帰還率が約七〇％に達した。住民の帰還が一定程度進んだとはいうものの、震災前にあった地域コミュニティが元に戻るわけではない。震災前と比べると住民の集まる機会は減少し、住民同士のつながりが希薄化してしまっていた。

町役場の復興企画課課長（当時）だった中津弘文さんは地域コミュニティの存続の危機感から、二〇一七年五月から心の復興事業に取り組んだ。大滝神社と鹿島神社のタンペロ再開に向け、町役場関係者と各神社の氏子代表者、町内組織、NPOが協議を始めた。協議の末、翌年に鹿島神社のみでタンペロが復活することが決まった。

タンペロ復活に向けた最大の課題は、担ぎ手である青年が足りないということであった。神輿は常時八名程度で担ぐため、全部で二〇人程度の担ぎ手を集める必要があるが、下浅見川地区と駅前地区を合わせても青年は六名ほどしかいなかった。彼らは神輿の担ぎ手を集めるために、職場の同僚や友人に参加を呼びかけた。結果的に、町役場職員と他の市町村から派遣されていた応援職員、東京電力福島復興本社と広野火力発電所の社員、ふたば未来学園の生徒が加勢したことでなんとか担ぎ手を確保することができた。

担ぎ手を牽引する小林哲也さんと新妻亮さんは、いずれもタンペロの継承に対して上の世代のような強い覚悟や使命感を示すわけではないが、「（上の世代から引き継いできたことを）自分たちの代でなくしちゃいけない」[2]という思いを共有している。こうした彼らの気負わない姿勢が地区外の人や町外の人の手を借りる柔軟さを生んでいる。大和田徹さんは、「昔みたいに地区の人だけが参加するという縛りがなくなっているから、それが良い方向に働けば、今後、町全体の『まつり』になるかもしれない」[3]と、苦境を逆手に取った今後の展開を見通している。

猪狩（いがり）伸彦さんは、「一部落の若者としては、自分たちが責任を持って継いでいくというよりかは、みんなでわいわい楽しく続けていって、それによって周りに影響を与えていければいいかなと思いますね。

写真B-2　浜辺に下り，海に入って清める「潮垢離」（2019年4月）
写真提供：もじゃ先生

楽しんだ結果が、町内に住んでいる方や避難されている方が楽しんでくれることにつながればいいのかな[4]」と、周りを巻き込みながら楽しんで続けていく大切さを語っている。

交流の創出

タンペロの参加といった積極的な地域活動は「意識的交流」［塩崎 2014: 27］と呼ばれ、地域コミュニティや町の活性化に資するが、「意識的交流」は被災や避難によって失われた「動線の交流」「視線の交流」［塩崎 2014: 27］を生み出すきっかけになることもある。ここでいう「動線の交流」「視線の交流」は、「偶然町で出会って立ち話をしたり、それとなく眺めてお互いを確認したりするような、そこはかとない交流」［塩崎 2014: 27］を指す。猪狩さんの言葉を借りれば、それは「田舎のあたたかさ」である。

猪狩さんはタンペロの役割について、「イベントを通して地元の人が集まって話せる場があるっていうのは、復興の一つの一片（ピース）にはなるんじゃないかと思っています。それがあるからって何かが大きく変わるわけではないと思うんですけど、その積み重ねが復興につながっていくのかなと思いますね」と話す。

現時点（二〇二三年春）においてタンペロが「心の復興」につながったかと問われれば、まだ道半ばであるとしか答えられない。新型コロナウイルスの感染拡大によって、二〇二〇年からは神事のみが執り行われ、青年の神輿は中止となったからである。再び中止を強いられた状況において、神事を執り仕切る鹿島神社氏子総代の根本賢仁さんが、『まつり』は形を変えながらでも継続していくことで意味を持つし、続けていくことで地域の活性化につながるのではないか(5)」と語ったように、窮状を脱するための試行錯誤や身につけた柔軟さは復興の先に続くまちづくりにおいても活かされるだろう。

註

（1）三月一二日に国が避難指示を出した「福島第二原発から一〇キロメートル圏内」に広野町の一部地域が含まれていたが、国からの情報が受信できず、一三日に町の判断で全町民に避難指示が出された。

（2）二〇二一年一〇月二六日、二〇二二年二月九日、二月一三日のヒアリング調査による。

（3）二〇二三年二月一八日のヒアリング調査による。

（4）二〇二三年二月一八日のヒアリング調査による。

（5）二〇二一年一一月二九日のヒアリング調査による。

コラムC

原発事故の記憶と記録

――展示とアーカイブの役割

◇林 勲男

東日本大震災を後世に伝えるための施設が、被害が大きかった東北地方太平洋沿岸部を中心に、各地に建設されている。さらに既存の博物館などでも、常設展示に新たなテーマとして加えられたり、期間限定の企画展示として公開されたりしている。これらは、内閣総理大臣の諮問機関である復興構想会議が、二〇一一年六月末にまとめた「復興への提言 ～悲惨のなかの希望～」の七原則の筆頭に、「大震災の記録を永遠に残し、広く学術関係者により科学的に分析し、その教訓を次世代に伝承し、国内外に発信する」と述べたこととも呼応している。しかし、それぞれの施設の設置や運営の主体は多様で、運営のための人員数や収益手段もさまざまである。

二〇二〇年一〇月、双葉町に「東日本大震災・原子力災害伝承館」(以下、伝承館)(写真C-1)がオープンした。福島県が設置し、福島イノベーション・コースト構想推進機構(公益財団法人)が運営する施設である。だが、館内で活動する語り部向けのマニュアルでは、特定の団体や個人、他施設への批判や誹謗中傷はしないことが求められており、そのことが語り部による自身の体験に基づく「語り」を制約するものである、との批判がメディアでも取り上げられたことでも注目された。この伝承館は、二〇一九年九月初旬に現在の名称に決定されたのだが、それまでは「アーカイブ拠点施設」との仮称で整備が進められてきたことを考えると、いったいどのような資料がどれだけ、どのような情報を伴ってバックヤードに収蔵されているのかが気になる。さらに、「災害」の実態と教訓を「伝承」することと、展示の最後の部分であるイノベーション・コースト構想の紹介との関

写真C-1　東日本大震災・原子力災害伝承館（2023年5月，双葉町）．
双葉町が町民から募集し，町内に掲げていた原子力広報標語の看板（レプリカ）の展示
撮影：新泉社編集部

係が不明確であり、このままでは「明るい未来」を謳っているだけだとの批判もある。

伝承館に先立って、二〇一六年七月に三春町（みはるまち）の工業団地内に開館した福島県環境創造センターの交流棟「コミュタン福島」（写真C-2）は、展示の最初でこそ福島第一原発の事故を取り上げてはいるものの、展示の中心は放射線の基礎知識の提供と福島県の豊かな自然環境の回復への歩みについてである。

これら二つの施設の展示はともに、事故発生後の東電・国・県・地方自治体の具体的な対応とその評価についてては、ごく簡単にしか触れていない。また、福島第一原発の事故以前の、原発との共存という住民生活がどのようなものであったかを示す資料は、伝承館では、事故前の双葉地方の自然や暮らしを伝える部分に、原発が出来たことで生活が豊かになったという内容の小学生の作文や、原発が地域の生活にとって身近なものであったことを示す資料が数点置かれているだけである。展示には、原発と共存することのリスクを懸念していた住民たちの姿はない。

福島県内には県が主体となって設置された前記の二つの施設以外に、東京電力が原発事故前より設置

写真C-2　コミュタン福島（2016年8月，三春町）．「放射能見える化ウォール」
撮影：筆者

していたPR施設「エネルギー館」を改装して開設した「東京電力廃炉資料館」（富岡町）、環境省による特定廃棄物埋立情報館「リプルンふくしま」（富岡町）や中間貯蔵工事情報センター（大熊町）、立地する地域の津波被害と人びとの経験を伝える「いわき震災伝承みらい館」（いわき市）、さらに規模は小さいが、いわき市地域防災交流センター久之浜・大久ふれあい館内に設置された「久之浜・大久　防災まちづくり資料室」や、いわき市小名浜の市の観光物産館「いわき・ら・ら・ミュウ」内の「ライブいわきミュウじあむ」に設けられた「いわきの東日本大震災展」がある。また、常設ではなく展示開催期間が限定されてはいるが、福島県立博物館（会津若松市）は、二〇一三年に震災資料の収集・保全を決定し、二〇一七年からは三月一一日前後の期間に特集展「震災遺産を考える」を開催し、二〇二一年には「震災遺産を考える―次の一〇年へつなぐために―」と題した展示を行い、詳細な図録も刊行している［福島県立博物館 2021］。東電や県が主体となった施設とは異なり、市町村による展示は資金力の違いもあって規模も小さい。そうしたなかで、二〇二一年七月に開館した「とみおかアーカイブ・ミュージアム」（富岡町）（写真C-3）は、旧石器時代からの町の歴史を動線とし、東日本大震災と福島第一原発事故について、被害によって本来の機能を失ったモノ資料を「震災遺産」として展示することに加えて、動画やプロジェクション・マッピングなども用い、災害・事故とそれによる経験を来館者に伝えている。

以上のような東京電力や公設の展示施設とは別の展示も行われてきた。廃校となった小学校に残されたプレハブ教室に、埼玉県から移住したジャーナリストによって二〇一二年に開設された「感がえる知ろう館」(川内村)や、二〇一三年に開設された「原発災害情報センター」(白河市)などは、「被災者」と

写真C-3　とみおかアーカイブ・ミュージアム(2021年9月, 富岡町).
地域史の中で原発をとらえる展示
撮影:筆者

写真C-4　伝言館の石碑類(2021年9月, 楢葉町).
故早川篤雄住職が宝鏡寺境内に開設, 設置した
撮影:筆者

なった住民の立場から原発事故の経験や教訓を残し、伝えようとしていた。しかし、民間の施設の場合は、資金確保も含めて安定した運営が難しい状況にあり、「感がえる知ろう館」はすでに閉鎖され、「原発災害情報センター」は、施設の使用に関する課題のため、場所を移して一部の資料だけを展示している。

震災・事故から一〇年目にあたる二〇二一年に、いわき市湯本温泉街の老舗旅館「古滝屋」の当主が館内に開設した「原子力災害考証館 furusato」と、楢葉町の古刹「宝鏡寺」の境内に開館した「伝言館」（写真C-4）は、開設・運営主体が比較的安定しており、東日本大震災とりわけ原発事故をめぐって他の施設や個人とのネットワーク化も図っており、今後の展開に期待できる。これら民間の展示施設では、国や県の責任についても問い続けていこうとしている。また、双葉郡未来会議が運営する「ふたばいんふぉ」（富岡町）は双葉郡八町村の現状について住民自らが写真やデータのパネル、動画映像などを用いた展示に加えて、現地視察やスタディツアーも実施している。展示と現地を結びつけることで、域外からの来訪者への情報発信さらには来訪者とともに地域の現状の課題を見据え、将来への展望を開こうとしている。

設置や運営主体の多様性、規模の大小、予算規模やそれに伴う運営スタッフの多寡などとともに、それぞれの施設のミッションに基づいて取り上げる視点も焦点も異なっている。しかし、博物館・伝承館の学芸員や私設展示の責任者たちは交流し、所属の相違を踏まえつつ相補的なネットワーク化を試みている。こうした展開のなかで、インターフェイスとしての展示を支えるアーカイブ機能を充実させ、収集の経緯に伴う課題もあるとは思うが、それぞれが所蔵する資料に関する情報の共有化と公開が進むことを期待している。

終章

加害の増幅を防ぐために

被害を可視化し、「復興」のあり方を問う

原口弥生

福島第一原子力発電所事故から一〇年以上が経過し、東日本大震災・福島原発事故に対する社会的関心はいっそう低下しつつある。本巻の副題は「不可視化される被害、再生産される加害構造」であるが、福島原発事故の風化が進むなかで、被害はさらに不可視化されているように思われる。本巻の各章では、その多面的で複雑な被害に焦点を当て、福島原発事故が被災地と被災者・避難者に何をもたらしたのかを丁寧に描くことで、福島原発事故とは何であったのかを明らかにしてきた。

本書の問題意識は、避難指示区域の設定・再編・解除、帰還政策の推進や復興事業の展開の水面下で進んでいる福島原発事故被害の不可視化を構造的暴力としてとらえること、第二に、原子力エネルギー開発の〈中心―周辺〉構造が事故収束作業や除染、廃炉、復興事業のなかで再生産されていないかを検証すること、第三に、福島原発事故がもたらした被害は事故から一〇年以上を

経ても、その一部は被害がさらに深刻化するなど、社会関係の剝奪や損傷が深化していることを見据えるという点にあった(序章)。

❁リスクの不可視化をもたらした加害構造

福島原発事故とは、人びとにとって何であったのかを問うためには、主要産業に乏しい福島県浜通り地域で、一九七一年から一九七九年までの期間に計六機の原子炉が順次稼働してきた背景から探る必要がある。重大事故や放射能汚染のリスクがある原子力は、一九六四年に原子力委員会が示したように、人口過密地帯での稼働は望ましくないものとされた(序章)。

福島県主導で進められた福島第一原発の立地受け入れは、リスクがある原子力を過疎化が進む海辺の地域が積極的に受け入れる「過疎地立地型」の典型例である。福島第一原発で生産された電力はリスクから遠く離れた首都圏で消費されるという生産地と消費地との間の格差があり、さらに県内での地域間格差があるゆえに、地元には雇用が生まれ電源三法交付金も入るといった経済的誘因がより効果的に機能する。経済面だけではなく、原子力関係の専門家や家族などが双葉町や大熊町といった立地自治体で生活し始めると、地域のリーダー層の役割も担い、地域にとっては貴重な戦力となっていく。他方、福島第一原発では、稼働直後から数多くのトラブルが相次いでいたが、同時に地域は原子力との共依存関係を深めていくなかで、人びとは不安を口にすることをはばかられ、「安全神話」を信じるほかなかった(第2章)。

原子力リスクに最も近い人びとが、より積極的にそのリスクを引き受けざるをえないという構造的加害によって、事故前はその潜在的なリスクが不可視化されてきた。福島県内でも一部の市民活動により問題の指摘はなされていたが、この運動が地域社会で力を得ることは難しく、事業者である東京電力はもとより規制当局である国までもが「安全神話」に浸ってしまっていた。津波対策を怠り、福島原発事故を防ぐことができなかった要因について、日本国内の原子力産業界に内在する課題だけではなく、そもそもなぜそれが日本社会の中で許容されてきたのか、立地自治体との関係性からの分析が必要とされる理由である。

福島原発事故前は、事故による放射能汚染という潜在的リスクが不可視化されてきたが、事故後はどうであっただろうか。福島原発事故は、被災地の人びとの社会関係をさまざまな分断によって切り裂いたが、根底には放射線リスク評価をめぐる分断があった(第1章)。事故によって飛散した放射能汚染物質は、東北から関東地方の広い地域に飛散した。政府による避難指示が出た地域は強制的な避難となったが、政府による避難指示が出なかった地域からも多数の人が避難を選択した。それでも、この「区域外避難」の選択に対しては、年間被ばく線量一〇〇ミリシーベルト以下は安全であるという原子力専門家の強調や、自主避難は自己責任であるとみなす風潮など、避難を思いとどまらせる強い抑圧が働いていた(第5章)。

事故前の「安全神話」は、事故後には、存在するはずの被害が無きことにされる「被害認定の最小化」につながっていった。年間一ミリシーベルトと定められていた追加的な積算被ばく線量限度が、二〇一一年四月には二〇倍の二〇ミリシーベルトに上げられ、この基準に基づき計画的避難区域が設定されていった。人びとの不安は、国際的な原子力機関や国内の専門家委員会等による報告書によって示された、いわゆる「公式科学」を前に客観的合理性がないものと切り捨てられていく(第3章)。突然、居住環境のすべてが放射能汚染に覆われた人びとが抱えた極度の不安、そこからの回避として選択した避難という行動について社会的理解が得られない状況は、さらに人びとを苦しめた(第5章)。

◆「被害認定の最小化」と損害賠償の枠組みの不備

多くの人が沈黙を強いられるなか、区域外避難・自主避難の正当性について訴えるためには、司法での主張しか道は残されていなかった。群馬訴訟において、被告である東京電力・国は、区域外避難や長期の避難について「合理性はない」と主張したが、前橋地裁はその主張を退け、公式科学のモデル(LNTモデル)に依拠しつつもその科学的不確実性をより安全側に立って解釈することで、原告の避難の判断は科学的に不適切なものではないと判示した(第3章)。原子力災害時の政策の根拠として活用された公式科学であるが、前橋地裁判決は、事故直後に住民が置かれた状況を考慮に入れつつ、公式科学の枠組みの中で原告の主張を認めたことに意義がある。

そもそも原子力事故の損害賠償については、原子力損害賠償法に基づいて政府が設置した原子力損害賠償紛争審査会による中間指針等によって、最低限の賠償対象や範囲、賠償額が定められている。福島原発事故による広範囲の多様な被害に対する東京電力の損害賠償総額は、一〇兆円を超えている。この金額には除染費用も含まれてはいるが、これらの賠償によって被災者・避難者の生活再建が進んだことは事実であり、一定の役割は果たしたといえる。

だが、これらの指針、ならびに指針等を受けて東京電力が自ら定めた賠償基準やその手続きは、大きな問題をはらんでいた。その典型は、先述した区域外避難・自主避難に対する被害の過小評価であったが、他にもいくつかの重大な問題があった。例えば、避難指示区域の内／外で多段階の賠償の格差が設けられており、それらは地域間の賠償格差となり、住民間の分断の要因となった。被災地内に設定された賠償格差が、各地域の被害の実態をある程度反映しているのであれば、これほどまでの分断をもたらすことはなかっただろう。賠償額の格差が住民の被害感情の実態とは乖離していたために、さらなる受苦として追加された（第4章・第6章）。

この結果を招いた一因として、賠償制度の設計プロセスにおいて、当事者である被災者・避難者の参加機会がないままに策定されたことが指摘できる。金銭的価値に換算されにくい社会関係資本や長年にわたり住民が尽力して築き上げてきた「地域の価値」の喪失も、それが金銭的価値として表現することが難しい場合は損害として認められず、賠償の対象からも外されてきた。東京電力への直接請求において損害が認められない場合は、原子力損害賠償紛争解決センター（ＡＤＲセンター）を通しての和解仲介手続きをとることもできるが、年を経るごとに東京電力の姿勢は硬直化し、ＡＤＲセンターもその役割を十分に果たしてこなかった（第6章）。

その結果、一部の人びとは個別に、そして他の人びとは集団訴訟を提起することとなった。失ったものは個人や各世帯の土地・家屋などの私的財産だけではなく、風景や景観、祭りなどの文化や住民同士の深い関係性などであり、それらが集合的に生み出す地域の価値、生活基盤の喪失を訴えた「ふるさと喪失／剝奪」訴訟も展開されてきた［関 2019］。

事故後の被害に対する損害賠償の枠組みの限界については以前から指摘されており[吉村ほか編2018]、全国で約三〇件の集団訴訟が提起された。

二〇二二年三月の最高裁判決において、七つの集団訴訟に対する高裁判決が示した東京電力の損害賠償額が確定したが、原子力損害賠償紛争審査会(原賠審)が従来示していた精神的損害賠償の額とは異なる額が示されており、原賠審としても、区域外避難・自主避難を含めて賠償額の見直しが迫られた。福島原発事故から一一年が経過して、人びとの被害の一端がようやく司法の場で認められ、それが賠償制度に反映されることとなったのである。避難者・被災者という立場に加え、司法の場で原告になるという負担を背負い、主張を続けた人びとの成果である。

「被害認定の最小化」の方針のなかで進められてきた避難者・被災者への賠償であったが、東京電力の賠償責任を認めた最高裁判決を受けて、それをいかに制度改革に反映させるかが注目された。原賠審はこれまで、精神的損害のみならず、自主避難、風評被害、避難の長期化等の問題に対応するために「中間指針」を第四次追補まで発表してきた。これに加え、二〇二二年一二月に「中間指針第五次追補」(1)の方針を発表した。

原賠審が示す賠償の指針は、人びとが求めた賠償額とはいまだ大きな乖離があるが、第五次追補という形で二〇二三年五月頃から賠償請求手続きが一部開始される。この制度改正自体は評価されるが、ここに至るまでの人びとの負担を考慮すると(2)[Picou et al. 2004]、やはり損害賠償の枠組みの不備によって、公正な権利回復のために被災者・避難者にさらに負担を強いている状況は見過ごせない。次の原子力災害への備えという点では、被害者の参加の機会がないままに策定された損害賠償の枠組みと、その策定プロセスの改善は必須であろう。

他方で、高裁レベルで判断が分かれていた国の責任について、生業・千葉・群馬・愛媛の四訴訟の二〇二二年の最高裁判決は、「想定よりも津波が高かったため、仮に国が津波対策を取っていたとしても事故を避けられなかった可能性が高い」として、その責任を認めなかった。

◈被害を受け止める地域の葛藤と挑戦

避難に伴う受苦だけではなく、福島原発事故は被害を受け止める地域にも大きな矛盾や葛藤を残した。例えばいわき市は、地震・津波の被災地であり、福島原発事故の影響も色濃く受けている。いわき市が実施した調査では、調査対象者の約五割が一時避難を経験している。しかし、避難指示は出されず、先述のとおり十分な損害賠償を受けることはないまま、避難指示区域からの多数の避難者を受け入れたために、別の意味で福島原発事故の影響が増幅した。その結果、いわき市においては、賠償制度が抱える矛盾が避難者への偏見を増幅させるケースもあった(第4章)。もとはといえば、賠償制度が生み出す格差より前に、避難指示をめぐる線引きに由来する問題である(第1章)。さらにいえば、避難者や被災地域への支援に加えて、避難者・被災者を受け入れる地域への支援は、とくに避難が長期化する原子力災害では不可欠な視点である。

放射能汚染は、人びとだけではなく自然環境にも影響を及ぼし続けている。福島県内外で漁業や農業へ影響が出ており、とくに福島県内の第一次産業はその影響下にあり続けている。

福島県内の農業は、福島原発事故後、放射能汚染に伴う作付制限、出荷制限による農産物の経済的損失、さらに「風評被害」による取引不成立、価格の下落等により、損害賠償額は約三〇三〇億円とされている。この金額は、金銭的価値による評価が現時点で可能な損害にすぎない。この一〇年余の間に受けた被害とは何だったのか、福島県内の農林水産業はどこまで回復してきたのかを総括する作業は重要であり、農業においてはさらに将来的な展望を示す時期でもある。初期の土壌汚染測定や放射性物質の分布マップの作成に始まった対応は、その後は栽培時の安全性の確保と、流通経路にのる「出口」段階での福島県独自の「全量」検査へとつながった。これらの安全性の確保は、消費者にとって安心の理由にならなければ意味がない。関係者が費用と時間をかけて行ったモニタリングは、「全量全袋検査」というシステム導入によって、消費者に対する安全確保をめぐる説得力が増すこととなった(第7章)。

しかし、消費者への風評被害対策によって解決できた部分と、解決できない問題でいうと、後者の方が大きいかもしれない。それは、福島ブランドのイメージ低下と関係する。ブランドイメージの低下は、農産品の取引価格の下落となって現れ、それが市場構造の中で固定化してしまう状況が続いている。以前よりは原発事故前との価格差は縮小しているが、産地ブランドの毀損と市場評価の下落こそが、原子力災害による最大の被害といえる。事故から一二年が経過した現在、「条件不利地域」となってしまった生産地において、流通対策から生産認証制度(GAP)という将来的に理想とする農業の実現に向けた取り組みも始まっている。事故対応としての復興論から、これからの農業政策にいかに新しい価値創出を組み込んでいくのかが求められているが、担い手の確保をはじめとする現実問題に生産地は直面している(第7章)。

❁「生活再建」と「復興」の本質

とはいえ、この間、避難者・被災者は受苦を強いられた被害者としてのみ生きてきたわけではない。前述のように公正な権利回復のために集団訴訟に参加し、制度の是正に向けて動いた人もいれば、制度的解決とは別の次元において、すなわち、日々の生活実践において事故で失ったものを取り戻そうとすることで権利回復を目指してきた人もいる。

浪江町の地域産業であった大堀相馬焼は、窯元の避難や移転はありつつも、製造再開が進んでいる。大堀相馬焼は、道の駅でも販売コーナーや体験教室が設けられ、浪江町復興のシンボルにもなっている。地域に根差した伝統産業であった大堀相馬焼は、今も地場産業としての位置づけは変わっていないが、そのあり方は大きく変化した。この十数年の間に地域住民はそれぞれの選択をしており、事故後に構えた窯元は浪江町内ではなく、郡山市やいわき市、本宮市だった。また放射能汚染の影響により陶磁器の原料となる釉薬(ゆうやく)の原産地を町外に求める必要もあった。人びとの意識の中では今も強く結びついているが、地場産業でありながら実際には土地との結びつきを失いつつあり、窯元たちは地場産業の再生と喪失の狭間の中にいる。大堀相馬焼を通じて、ふるさととの関わりを持ち続けている窯元もいるが、「総体としてのふるさと」の回復には至っておらず、ある窯元の言葉によると、一〇年経った状況は「スタートラインに立ったぐらいの話」だという(第8章)。

この十数年の間に、避難先で、あるいは帰還して避難元で生活再建を果たしている人も多い。

「事故当時のことやネガティブなことは話したくもないし、聞きたくもない。これからのことを考えるのに、明るい話や希望のある話をしたい」という声を避難者の方から聞くことがある。また、つらい経験や想いを吐露した方が「なんだか暗い話をしてごめんなさい」という言葉を発することもある。

時間が経過するほどに生活再建が進むという期待が、社会にも当事者にもいつのまにか内面化されていないだろうか。しかし、原発事故の受け止め方や生活再建に向かうスピードは一人ひとり多様であり、またその道筋は直線的に進むものでもない[丹波・清水編 2019]。年月の経過に伴い高まる生活再建への期待値に自らが到達していないと感じるときは、被災者・避難者を苦しめることになる。事故から十数年が経過し、社会そして同郷出身の同じ境遇にある住民同士のまなざしの中で、よりいっそう人びとは自らが抱える不安や課題を訴えることを躊躇することが懸念される。

一般的な期待とは異なり、時間の経過によって、あるいは復興が進んだことによって、新たな受苦を生み出すこともあった。外国籍であったがために、日本国内での生活再建の機会が剥奪され、国外退去に追い込まれた被災者がいたことは強調しておきたい(第9章)。被災者・避難者に対して国籍によって公平な扱いとはなっていないという点では、明らかに環境的不公正であり、災害支援における社会正義という文脈から議論が必要だろう[関 2022]。

さらに、福島原発事故による直接的な被害に加え、その後の復興政策の失敗による「二次災害」ともいえる状況が発生している。福島県内で避難指示区域に限らず広い地域で行われた農地除染は、農地表土の剝ぎ取りをすることで生産に不可欠な養分を含む土壌を失うことにつながる。政府による農地除染の方法は、一見、放射能汚染の除去に効果があるようにも見えるが、結果的にその先にある生産者にとって望ましい形での農業再開を遅らせる結果になるのであれば、何のための農地除染なのかということになる。政府の除染事業に疑問を持った生産者が独自の放射性物

写真 終-1　震災6年後に請戸漁港に帰還した漁船(2017年，浪江町)．
試験操業を続け，競りの再開を経て，
2021年末に漁港の復旧工事が完了したが，
ALPS処理水の海洋放出などの新たな難題が続く
撮影:新泉社編集部

写真 終-2　「東日本大震災・原子力災害伝承館」内の
「福島イノベーション・コースト構想」の展示(2023年5月，双葉町)
撮影:新泉社編集部

質の除去方法を実践し、のちに行政の実証圃にも位置づけられた例もある(コラムA)。

米国の先行例を参考にしたイノベーション・コースト構想をはじめ、福島県や被災自治体において最優先課題である復興政策について、その方向性に対して異論を唱えることが難しい状況は、かつての「安全神話」を彷彿させる。これらは、新たな「安全神話」を補強する「復興神話」として機能し始めているだけでなく、批判することがタブーとなるのであれば、新たな「災害」(=「復興災害」)をもたらす要因にもなりうる。農業の補助金がなくなった後も持続可能であるのかなど、復興政策の方向性について検証が求められている段階に来ている(第10章)。

その点では、震災前に一度は途切れていた町の祭りが、地域コミュニティの維持のために震災後に復活した例は参考になる。広野町では、住民同士のつながりの希薄化により、地域コミュニティの存続が危ぶまれたことから、「交流の創出」を目的に伝統的祭りが復活した(コラムB)。帰還した住民が少ない地域でも、このような復興の一片が各地で蓄積されていくことで、地域コミュニティの住民同士の関係が維持されようとしている。

❁問い続ける「復興」の方向性

東日本大震災からの復興の基本方針として、国は「第二期復興・創生期間」において「被災地の自立につながり、地方創生のモデルとなるような復興を実現していく」と掲げている。[3] これまでに進められてきた福島の復興は、国が主導するハード整備偏重の復興政策が展開されており、事故前の地域との連続性への尊重はあまり感じられない。復興政策においても、被災地はその財源や政策提案を国に依存しており、国依存の傾向は原発事故前と変わらないか、むしろ強まっているようにも見える。復興の基本方針に掲げられた「被災地の自立」につながる復興政策が推進されているのか、そもそも「被災地の自立」につながる復興とはどのような姿なのだろうか。

「原子力災害の被害を受けた地域そして人びとの再生」という国家的な物語が描かれようとしているなかで、実際には、事故後に実施された賠償制度や復興政策の矛盾が新たな被害を生んできた。福島原発事故をめぐっては「被害の累積性」[山川・初澤編 2021]が指摘されている。被災者救済のための制度を活用しつつも、人びとの努力によって生活の再建が進むと、それまで存在していた被害の実相は隠れてしまい、まるで初めから被害が存在しなかったかのようである。それらの傷が被災者・避難者の中から消えることはないであろう。しかし、福島県内に設置された震災・原発事故を継承するアーカイブ施設を見てみても、事故を風化させることなく、問題を世界に発信し、継承していくことの重要性や覚悟が感じられる施設ばかりではない。公的な施設であるほど、「復興神話」に加担している傾向がある(コラムC)。

環境社会学という学問は、その立脚点として、被害者の立場から社会そして問題を分析することを重要な分析視角として持っている。被害者の視点から福島原発事故を見たときに、原発事故とその帰結がどのように経験されているのか、これを記録し分析していくことがより重要となっていく。福島原発事故が発生していなかったら起きていなかったはずの被害は、今後も発生していくだろう。将来に向けても、それらをいかに最小限に食い止めることができるか、そのためにも引き続き、被害を最も受けている人びとの声を聞き続けていく必要がある。

註

（１）正式名称は、「東京電力株式会社福島第一、第二原子力発電所事故による原子力損害の範囲の判定等に関する中間指針第五次追補（集団訴訟の確定判決等を踏まえた指針の見直しについて）」。（https://www.mext.go.jp/content/20230124-mxt_san-gen01-000026516_01.pdf）［最終アクセス日：二〇二三年四月二五日］

（２）Picou et al.［2004］では、米国のアラスカ沖原油流出事件の事例から、訴訟への参加が被害者にさらなるストレスをもたらしていることが比較研究により明らかにされた。公害問題等で公的な賠償制度の整備が手薄な米国の状況を踏まえているが、本研究の結論は、被害者が裁判を通して問題解決を図らずに済むことが重要であると示唆している。

（３）復興庁ウェブサイト「『復興・創生期間』後における東日本大震災からの復興の基本方針の変更について（令和三年三月九日閣議決定）」（二〇二一年）。（https://www.reconstruction.go.jp/topics/main-cat12/sub-cat12-1/20210311135501.html）［最終アクセス日：二〇二三年四月二五日］

編者あとがき

原発巻き返しの時代がやってきた。

二〇二二年六月一七日、最高裁第二小法廷(判事四名)は、生業・千葉・群馬・愛媛の四つの原発事故避難者訴訟で、福島原発事故について国の責任を認めない統一判断を示した。想定外の津波により、事前に長期評価の津波予測に基づいて防潮堤をつくる対策を行っていたとしても、福島原発事故の発生を防ぐことができなかっただろうから、国に責任はないという判決だった。「対策してもどうせ無駄だった」という多数意見(菅野博之裁判長、草野耕一裁判官、岡村和美裁判官)は、イソップの寓話「酸っぱい葡萄(ぶどう)」を連想させる。

判決には、三浦守裁判官の「国に責任あり」とする反対意見が付されていた。判決文の形式をとり、判決よりも分厚い反対意見は、生存を基盤とする人格権に重大な被害をもたらしかねない事業者が高度の安全性を確保する義務を負い、国はその義務を履行するための適切な規制を行うのは当然だと記された。

とはいえ、国の責任なしとする最高裁判決は、その後の国の原発回帰・推進政策にお墨付きを与えたようなものになった。判決の翌七月に、岸田文雄総理は、最大九基の原発再稼働と一〇基の火力発電所の供給能力の追加的確保を経済産業省大臣に指示し、八月には原発新増設の方針を示した。一二月には、原子力規制委員会が、最長六〇年を超えて老朽原発が運転延長できるとする方針案をまとめた。矢継ぎ早に出された方針は、「GX（グリーントランスフォーメーション）脱炭素電源法」にまとめられ（原子力基本法、原子炉等規制法、電気事業法、再処理法、再エネ特措法等の改正を束ねたもの）、二〇二三年五月末に国会で成立した。

時計の針がひと回りして同じ場所に戻ってくるように、原発事故から一二年を経て、再び原発推進へと舵が切られている。この間、福島原発事故をめぐって、避難指示区域の線引きや補償格差によって被害者が分断され、実被害を「風評」として正面から向き合わず、被害を語ることが「復興」の妨げになるという風潮が醸成されてきた。いまや、被害が不可視化され、放置され、切り捨てられていく傍らで、原発推進が脱炭素社会の「グリーン」な成長戦略であるというプロパガンダが、法政策として実装されつつある。

事態がますます複雑化し、混迷をきわめる状況のなかで、本書は『シリーズ 環境社会学講座』の第3巻として刊行される。環境社会学は、公害問題研究における被害構造論や〈加害—被害〉構造論の系譜、生活領域を守るための市民運動やエコロジー運動など社会運動論の系譜、さらには村落社会学の流れを汲み、生活者の「生活」の背後にある社会関係や人間関係などを分析する生活環境主義の系譜があり、連字符社会学を横断し、なおかつ環境法・政策や環境経済、科学技術社会論など、近接領域と手を携えて生成・展開してきた学問領域である。このような学問的特徴によって、本書は、人びとの生きる現実から出発して、福島原発事故がもたらした問題の所在と構造に迫ることができたと自負している。

とはいえ、福島原発事故がなおも現在進行形の問題であることに違いはない。そして福島原発事故に至る道は、福島原発事故以前に根を持っている。

一九五四年、ビキニ環礁の核実験で被ばくした第五福竜丸の悲劇の年に、厳しい批判を受けながら原子力予算が初めて国会を通った。一九七〇年代には原子力発電所の立地をめぐって各地で「原発公害」に反対する住民運動が展開され、一九七九年のスリーマイル島原子力発電所事故の発生にもかかわらず原発の立地が相次いだ。一九八六年のチェルノブイリ(チョルノービリ)原子力発電所事故後には、母親など女性たちによる反原発ニューウェーブの運動が活発になった。福島原発事故後の被害者・避難者らの運動も、危機のたびに沸き起こった一連の社会運動の高まりと停滞に続く波の一つに位置づけられることになるのだろうか。

そうであるならば、滞在者、自主避難者、避難指示区域からの避難者それぞれの被害や、地域ブランドの毀損など農林水産業をめぐる困難については、今後もより丁寧に記録・分析され続けねばならない。福島の「復興」「再生」が、被害当事者の望む「環境正義」にかなっているか否かを見極めていくことが必要である。

また、本書では十分に扱いきれなかったが、漁業者からも諸外国からも反対の声があがっているトリチウム汚染水(ALPS処理水)の海洋放出問題のほか、公共事業や農地の造成に再利用する方針が示され、飯舘村長泥(いいたてむらながどろ)地区ならびに福島県外でも「再生利用実証事業」が進められている除染土壌の扱いなど、「通常人・一般人の見地」(第3章)から検討すべき課題が山積していることにも留意していきたい。

さらに、福島原発事故に至る「原子力の平和利用」の来歴を顧み、原発巻き返しの動きをみていくと、改めて二〇一二年の改正原子力基本法と改正原子炉等規制法、そして原子力規制委員会設置法に書き込まれた、「我が国の安全保障に資する」という文言が気にかかる。ウクライナの原発が武力による攻撃・制圧対象になったことを目の当たりにした現在、原発は単なるエネルギー源以上のものとしてとらえざるをえない。未曾有の福島原発事故から見えてくる問題の諸相に、今後、環境社会学が取り組むべき課題はまだまだ多く残されているだろう。

最後に、本書の刊行にご助言、ご尽力くださった新泉社編集部の安喜健人さんに感謝申し上げたい。とくに福島原発事故後を懸命に生きてきた福島の方々にこそ読んでいただきたいという思いを一に、執筆者は第一読者である安喜さんとの間で何度も原稿を往復させた。まさに、真剣勝負の一冊となった。

二〇二三年七月

編者を代表して　関　礼子

2014年8月，双葉町
撮影：Anthony Ballard

髙橋若菜編『奪われたくらし――原発被害の検証と共感共苦(コンパッション)』日本経済評論社，207–235頁．

丹波史紀・清水晶紀編［2019］『ふくしま原子力災害からの複線型復興――一人ひとりの生活再建と「尊厳」の回復に向けて』ミネルヴァ書房．

山川充夫・初澤敏生編［2021］『福島復興学 II――原発事故後10年を問う』八朔社．

吉村良一・下山憲治・大坂恵里・除本理史編［2018］『原発事故被害回復の法と政策』日本評論社．

Picou, J. Steven, Brent K. Marshall and Duane A. Gill [2004], “Disaster, Litigation, and the Corrosive Community,” *Social Forces*, 82(4): 1493–1522.

長谷川公一・山本薫子編『原発震災と避難——原子力政策の転換は可能か』有斐閣，28–58頁.
山中茂樹［2012］「『人間復興』の今日的意義——福田徳三的『市民的災害復興論』を構築しよう」，［福田 2012: 307–322頁］.
除本理史［2015］「不均等な復興とは何か」，除本理史・渡辺淑彦編『原発災害はなぜ不均等な復興をもたらすのか——福島事故から「人間の復興」，地域再生へ』ミネルヴァ書房，3–20頁.
Beck, Ulrich [1986], *Risikogesellschaft. Auf dem Weg in eine andere Moderne*, Frankfurt am Main: Suhrkamp Verlag.（＝1998，東廉・伊藤美登里訳『危険社会——新しい近代への道』法政大学出版局.）
Canguilhem, Georges [1966], *Le Normal et le pathologique*, Paris: Presses Universitaires de France.（＝1987，滝沢武久訳『正常と病理』法政大学出版局.）
Klein, Naomi [2007], *The Shock Doctrine: The Rise of Disaster Capitalism*, New York: Henry Holt and Company.（＝2011，幾島幸子・村上由見子訳『ショック・ドクトリン——惨事便乗型資本主義の正体を暴く』上・下，岩波書店.）

◆コラムB

佐々木長生［1997］「浜下りの場——漂着神伝承・海辺の聖地に関連して」，福島県立博物館編『福島県立博物館学術調査報告書 第28集　福島県における浜下りの研究』福島県立博物館，12–19頁.
塩崎賢明［2014］『復興〈災害〉——阪神・淡路大震災と東日本大震災』岩波新書.
広野町史編さん委員会編［1991］『広野町史　民俗・自然編』広野町.
広野町東日本大震災の記録編集委員会編［2021］『福島県広野町東日本大震災の記録 IV　ふる里“幸せな帰町”復興・創生への道のり』広野町.

◆コラムC

福島県立博物館［2021］『震災遺産を考える——次の10年へつなぐために』福島県立博物館.

◆終章

関礼子［2019］「土地に根ざして生きる権利——津島原発訴訟と『ふるさと喪失／剝奪』被害」，『環境と公害』48(3): 45–50.
関礼子［2022］「目の前の避難者に等しく向きあう社会正義——災害経験と避難者支援」，

Becker, Steven M. [1997], "Psychosocial assistance after environmental accidents: a policy perspective," *Environmental Health Perspectives*, 105(6): 1557–1563.

Edelstein, Michael R. [2018], *Contaminated Communities: Coping with Residential Toxic Exposure*, 2nd Edition, New York: Routledge.

●第10章

アジア・パシフィック・イニシアティブ［2021］『福島原発事故10年検証委員会　民間事故調最終報告書』ディスカヴァー・トゥエンティワン．

原子力災害対策本部・復興推進会議［2021］「特定復興再生拠点区域外への帰還・居住に向けた避難指示解除に関する考え方」，『政策特報』1628: 15–17.

小柳春一郎［2015］「立法資料：『原子力損害の賠償に関する法律案想定問答 昭和36年3月 原子力局』」，『獨協法学』97: 131–173.

塩崎賢明［2014］『復興〈災害〉――阪神・淡路大震災と東日本大震災』岩波新書.

資源エネルギー庁［2021］「令和2年度『福島沖での浮体式洋上風力発電システムの実証研究事業（風車及び浮体等の撤去実証に係るもの）』に係る企画競争募集要領」.
（https://www.enecho.meti.go.jp/appli/public_offer/2020/data/20210120_001_01.pdf）［最終アクセス日：2023年4月30日］

関礼子［2013］「強制された避難と『生活（life）』の復興」，『環境社会学研究』19: 45–60.

高木竜輔［2018］「原発被災自治体職員の実態調査（2次）」，『自治総研』475: 48–91.

津久井進［2012］『大災害と法』岩波新書.

反原発事典編集委員会編［1979］『反原発事典 II――［反］原子力文明・篇』現代書館.

福島県［2021］『第2期福島県復興計画』福島県企画調整部復興・総合計画課.
（https://www.pref.fukushima.lg.jp/uploaded/attachment/438480.pdf）［最終アクセス日：2023年4月30日］

福島沖での浮体式洋上風力発電システム実証研究事業総括委員会［2018］「平成30年度福島沖での浮体式洋上風力発電システム実証研究事業総括委員会 報告書」，資源エネルギー庁ウェブサイト.
（https://www.enecho.meti.go.jp/category/saving_and_new/new/information/180824a/pdf/report_2018.pdf）［最終アクセス日：2023年4月30日］

福田徳三［2012］『復刻版　復興経済の原理及若干問題』山中茂樹・井上琢智編，関西学院大学出版会.

本間龍［2016］『原発プロパガンダ』岩波新書.

松本三和夫［2017］「構造災における制度の設計責任――科学社会学から未来へ向けて」，

関礼子［2021a］「『ふるさと剝奪』と『ふるさと疎外』」，『応用社会学研究』63: 45–55.
関礼子［2021b］「法廷を鏡にして社会学を考える——福島原発事故避難者訴訟の事例から」，『環境社会学研究』27: 38–53.
浪江町史編集委員会編［1974］『浪江町史』浪江町教育委員会.
除本理史［2015］「避難者の『ふるさとの喪失』は償われているか」，淡路剛久・吉村良一・除本理史編『福島原発事故賠償の研究』日本評論社，189–209頁.
除本理史［2019］「原発事故被害者集団訴訟7判決と『ふるさとの喪失』被害」，『経営研究』69(3–4): 17–32.
ライフミュージアムネットワーク［2020］『大堀からの10年——ライフミュージアムネットワーク2020 地域資源の活用による地域アイデンティティの再興プログラム』ライフミュージアムネットワーク実行委員会事務局.

❋第9章

飯島伸子［2002］『環境問題の社会史』有斐閣.
飯島伸子・渡辺伸一・藤川賢［2007］『公害被害放置の社会学——イタイイタイ病・カドミウム問題の歴史と現在』東信堂.
今井照・朝日新聞福島総局編［2021］『原発避難者「心の軌跡」——実態調査10年の〈全〉記録』公人の友社.
関礼子編［2015］『“生きる”時間のパラダイム——被災現地から描く原発事故後の世界』日本評論社.
関礼子編［2018］『被災と避難の社会学』東信堂.
丹波史紀・清水晶紀編［2019］『ふくしま原子力災害からの複線型復興——一人ひとりの生活再建と「尊厳」の回復に向けて』ミネルヴァ書房.
寺田良一［2016］『環境リスク社会の到来と環境運動——環境的公正に向けた回復構造』晃洋書房.
西城戸誠・原田峻［2019］『避難と支援——埼玉県における広域避難者支援のローカルガバナンス』新泉社.
原口弥生［2013］「東日本大震災にともなう茨城県への広域避難者アンケート調査結果」，『茨城大学地域総合研究所年報』46: 61–80.
原口弥生［2023］「環境正義運動は何を問いかけ，何を変えてきたのか」，藤川賢・友澤悠季編『シリーズ 環境社会学講座 1　なぜ公害は続くのか——潜在・散在・長期化する被害』新泉社，176–197頁.
藤川賢・石井秀樹編［2021］『ふくしま復興　農と暮らしの復権』東信堂.

点」，『Isotope News』718: 38–41.
小山良太・小松知未編［2013］『農の再生と食の安全――原発事故と福島の2年』新日本出版社.
消費者庁［2023］「風評に関する消費者意識の実態調査（第16回）報告書」.
（https://www.caa.go.jp/notice/assets/consumer_safety_cms203_230306_02.pdf）［最終アクセス日：2023年6月10日］
関谷直也［2018］「福島県の農林漁業の現状と震災10年に向けての課題」福島大学・東京大学原子力災害復興連携フォーラム報告書.
日本学術会議［2013］「原子力災害に伴う食と農の『風評』問題対策としての検査態勢の体系化に関する緊急提言」.
（https://www.scj.go.jp/ja/member/iinkai/sokai/siryo165-6-2.pdf）［最終アクセス日：2023年4月30日］
根本圭介編［2017］『原発事故と福島の農業』東京大学出版会.
福島県［2020］『ふくしま復興のあゆみ』第28版.
（https://www.pref.fukushima.lg.jp/uploaded/attachment/403521.pdf）［最終アクセス日：2023年4月30日］
福島県・農林水産省［2013］「放射性セシウム濃度の高い米が発生する要因とその対策について――要因解析調査と試験栽培等の結果の取りまとめ（概要）」.
（https://www.pref.fukushima.lg.jp/download/1/youinkaiseki-kome130124.pdf）［最終アクセス日：2023年4月30日］
復興庁［2020］『東日本大震災からの復興の状況と取組（2020年9月）』.
（https://www.reconstruction.go.jp/topics/main-cat7/sub-cat7-2/202009_Pamphlet_fukko-jokyo-torikumi.pdf）［最終アクセス日：2023年4月30日］

◆コラムA

野田岳仁［2018］「除染を拒否した篤農家」，鳥越皓之編『原発災害と地元コミュニティ――福島県川内村奮闘記』東信堂，190–201頁.

◆第8章

淡路剛久［2015］「『包括的生活利益』の侵害と損害」，淡路剛久・吉村良一・除本理史編『福島原発事故賠償の研究』日本評論社，11–27頁.
関礼子［2019］「土地に根ざして生きる権利――津島原発訴訟と『ふるさと喪失／剥奪』被害」，『環境と公害』48(3): 45–50.

原子力損害賠償紛争解決センター［2015］「原子力損害賠償紛争解決センター活動状況報告書――平成26年における状況について（概況報告と総括）」，文部科学省ウェブサイト.
（https://www.mext.go.jp/component/a_menu/science/detail/__icsFiles/afieldfile/2019/03/29/1412725_4.pdf）［最終アクセス日：2023年4月30日］
小森敦司［2016］『日本はなぜ脱原発できないのか――「原子力村」という利権』平凡社新書.
下山憲治［2018］「国の原発規制と国家賠償責任」，吉村良一・下山憲治・大坂恵里・除本理史編『原発事故被害回復の法と政策』日本評論社，22–42頁.
関礼子［2019］「土地に根ざして生きる権利――津島原発訴訟と『ふるさと喪失／剝奪』被害」，『環境と公害』48(3): 45–50.
添田孝史［2021］『東電原発事故　10年で明らかになったこと』平凡社新書.
成元哲編［2015］『終わらない被災の時間――原発事故が福島県中通りの親子に与える影響（ストレス）』石風社.
丹波史紀・清水晶紀編［2019］『ふくしま原子力災害からの複線型復興――一人ひとりの生活再建と「尊厳」の回復に向けて』ミネルヴァ書房.
長谷川公一［2003］『環境運動と新しい公共圏――環境社会学のパースペクティブ』有斐閣.
藤川賢・石井秀樹編［2021］『ふくしま復興　農と暮らしの復権』東信堂.
藤原遥・除本理史［2018］「福島復興政策を検証する――財政の特徴と住民帰還の現状」，吉村良一・下山憲治・大坂恵里・除本理史編『原発事故被害回復の法と政策』日本評論社，264–277頁.
宮入興一［2015］「復興行財政の実態と課題――いま，東日本大震災の復興行財政に問われているもの」，『環境と公害』45(2): 2–7.
山崎栄一［2013］『自然災害と被災者支援』日本評論社.
除本理史［2013］『原発賠償を問う――曖昧な責任，翻弄される避難者』岩波ブックレット.
除本理史［2016］『公害から福島を考える――地域の再生をめざして』岩波書店.
除本理史・佐無田光［2020］『きみのまちに未来はあるか？――「根っこ」から地域をつくる』岩波ジュニア新書.
除本理史・渡辺淑彦編［2015］『原発災害はなぜ不均等な復興をもたらすのか――福島事故から「人間の復興」，地域再生へ』ミネルヴァ書房.

◆第7章

唐木英明［2014］「福島県産農産物の風評被害に関する日本学術会議『緊急提言』の疑問

佐藤嘉幸・田口卓臣［2016］『脱原発の哲学』人文書院.
髙橋若菜・田口卓臣・松井克浩［2016］『原発避難と創発的支援――活かされた中越の災害対応経験』本の泉社.
田並尚恵［2013］「原子力災害による県外避難者への支援――自治体の支援を中心に」,『復興』4(2): 77–84.
津久井進［2015］「原発避難者の住まいをめぐる法制度の欠落」, 関西学院大学災害復興制度研究所・東日本大震災支援全国ネットワーク（JCN）・福島の子どもたちを守る法律家ネットワーク（SAFLAN）編『原発避難白書』人文書院, 201–203頁.
西﨑伸子・照沼かほる［2012］「『放射性物質・被ばくリスク問題』における『保養』の役割と課題――保養プロジェクトの立ち上げ経緯と2011年度の活動より」,『福島大学 行政社会論集』25(1): 31–67.
原口弥生［2013］「低認知被災地における市民活動の現在と課題――茨城県の放射能汚染をめぐる問題構築」,『平和研究』40: 9–30.
廣本由香［2016］「福島原発事故をめぐる自主避難の〈ゆらぎ〉」,『社会学評論』67(3): 267–284.
室﨑益輝［2013］「阪神・淡路大震災後の住宅再建と居住問題」,『災害復興研究』5: 107–113.
森松明希子［2013］『母子避難, 心の軌跡――家族で訴訟を決意するまで』かもがわ出版.
矢吹怜太・川﨑興太［2018］「仮設住宅の無償提供の終了後における自主避難者の生活実態と意向」,『都市計画報告集』17(1): 1–7.

◆第6章

淡路剛久［2015］「『包括的生活利益』の侵害と損害」, 淡路剛久・吉村良一・除本理史編『福島原発事故賠償の研究』日本評論社, 11–27頁.
淡路剛久・寺西俊一・吉村良一・大久保規子編［2012］『公害環境訴訟の新たな展開――権利救済から政策形成へ』日本評論社.
海渡雄一［2020］『東電刑事裁判　福島原発事故の責任を誰がとるのか』彩流社.
金子祥之［2015］「原子力災害による山野の汚染と帰村後もつづく地元の被害――マイナー・サブシステンスの視点から」,『環境社会学研究』21: 106–121.
川﨑興太編［2021］『福島復興10年間の検証――原子力災害からの復興に向けた長期的な課題』丸善出版.
菅野哲［2020］『〈全村避難〉を生きる――生存・生活権を破壊した福島第一原発「過酷」事故』言叢社.

第4章
今井照［2014］『自治体再建――原発避難と「移動する村」』ちくま新書.
いわき市［2014］「原子力災害時の避難等に関する市民アンケート調査報告書」.
川副早央里［2013］「原発避難者の受け入れをめぐる状況――いわき市の事例から」,『環境と公害』42(4): 37–41.
齊藤綾美［2017］「津波被災者と原発避難者の交流――いわき市薄磯団地自治会といわき・まごころ双葉会の事例」, 吉原直樹・似田貝香門・松本行真編『東日本大震災と〈復興〉の生活記録』六花出版, 295–316頁.
齊藤康則［2019］「もう一つのコミュニティ形成――『みなし仮設』と『同郷サロン』から考える仙台の復興」, 吉野英岐・加藤眞義編『シリーズ 被災地から未来を考える 3　震災復興と展望――持続可能な地域社会をめざして』有斐閣, 128–156頁.
高木竜輔［2019］「原発事故によるいわき市民の被害とコミュニティ分断」,『環境と公害』49(1): 54–59.
高木竜輔・川副早央里［2016］「福島第一原発事故による長期避難の実態と原発被災者受け入れをめぐる課題」,『難民研究ジャーナル』6: 23–41.
高木竜輔・菊池真弓・菅野昌史［2017］「福島第一原発事故における避難指示解除後の原発事故被災者の意識と行動――2015年楢葉町調査から」,『いわき明星大学研究紀要 人文学・社会科学・情報学篇』2: 10–28.
寺島範行［2016］「いわき市の避難者受入れのこれまでの取組みと共生に向けた今後の取組み」,『関東都市学会年報』17: 28–36.

第5章
尾内隆之・調麻佐志編［2013］『科学者に委ねてはいけないこと――科学から「生」をとりもどす』岩波書店.
木村朗・高橋博子編［2015］『核時代の神話と虚像――原子力の平和利用と軍事利用をめぐる戦後史』明石書店.
原発災害・避難年表編集委員会編［2018］『原発災害・避難年表――図表と年表で知る福島原発震災からの道』すいれん舎.
紺野祐・佐藤修司［2014］「東日本大震災および原発事故による福島県外への避難の実態(1)――母子避難者へのインタビュー調査を中心に」,『秋田大学教育文化学部研究紀要 教育科学』69: 145–157.
斉藤容子［2021］「福島原発事故による広域避難者の実態に関する考察――避難者アンケートの実施と結果の分析」,『災害復興研究』13: 1–15.

中嶋久人［2014］『戦後史のなかの福島原発――開発政策と地域社会』大月書店.
長谷川公一［2003］「住民投票の成功の条件――原子力施設をめぐる環境運動と地域社会」，長谷川公一『環境運動と新しい公共圏――環境社会学のパースペクティブ』有斐閣，143–163頁.
長谷川公一［2011］『脱原子力社会へ――電力をグリーン化する』岩波新書.
福島民報社編集局［2013］『福島と原発――誘致から大震災への50年』早稲田大学出版部.
松本三和夫［2012］『構造災――科学技術社会に潜む危機』岩波新書.
丸山眞男［2010］『丸山眞男セレクション』杉田敦編，平凡社ライブラリー.
武藤類子［2012］『福島からあなたへ』大月書店.
武藤類子［2021］『10年後の福島からあなたへ』大月書店.

◆第3章

鳥飼康二［2015］「放射線被ばくに対する不安の心理学」，『環境と公害』44(4): 31–38.
中島貴子［2017］「『科学の不定性』に気づき，向き合うとは」，本堂毅・平田光司・尾内隆之・中島貴子編『科学の不定性と社会――現代の科学リテラシー』信山社，107–121頁.
中谷内一也編［2012］『リスクの社会心理学――人間の理解と信頼の構築に向けて』有斐閣.
平川秀幸［2018］「区域外避難はいかに正当化されうるか――リスクの心理ならびに社会的観点からの考察」，吉村良一・下山憲治・大坂恵里・除本理史編『原発事故被害回復の法と政策』日本評論社，56–69頁.
文部科学省［2011］「自主的避難関連データ」，原子力損害賠償紛争審査会（第16回，2011年11月10日）資料.
（https://www.mext.go.jp/b_menu/shingi/chousa/kaihatu/016/shiryo/__icsFiles/afieldfile/2011/11/11/1313180_2_2.pdf）［最終アクセス日：2023年4月30日］
吉村良一［2015］「『自主的避難者（区域外避難者）』と『滞在者』の損害」，淡路剛久・吉村良一・除本理史編『福島原発事故賠償の研究』日本評論社，210–226頁.
Collins, Harry and Robert Evans [2007], *Rethinking Expertise*, Chicago: University of Chicago Press.（＝2020，奥田太郎監訳『専門知を再考する』名古屋大学出版会.）
Stirling, Andy [2010], “Keep it Complex,” *Nature*, 468: 1029–1031.

英社インターナショナル.
関礼子［2018］「語りから見える避難生活の実情(2)――区域外避難の母親・父親たち」，［髙橋ほか 2018: 111–148頁］.
成元哲編［2015］『終わらない被災の時間――原発事故が福島県中通りの親子に与える影響（ストレス）』石風社.
髙橋若菜・清水奈名子・阪本公美子・小池由佳・関礼子・高木竜輔・藤川賢［2018］『子育て世帯の避難生活に関する量的・質的調査――2017年度新潟県委託　福島第一原発事故による避難生活に関するテーマ別調査業務調査研究報告書』宇都宮大学.
髙橋若菜編［2022］『奪われたくらし――原発被害の検証と共感共苦（コンパッション）』日本経済評論社.
中西準子［2012］『リスクと向きあう――福島原発事故以後』中央公論新社.
中西準子［2014］『原発事故と放射線のリスク学』日本評論社.
藤川賢・石井秀樹編［2021］『ふくしま復興　農と暮らしの復権』東信堂.
松井克浩［2017］『故郷喪失と再生への時間――新潟県への原発避難と支援の社会学』東信堂.
松井克浩［2021］『原発避難と再生への模索――「自分ごと」として考える』東信堂.
山川充夫・初澤敏生編［2021］『福島復興学 II――原発事故後10年を問う』八朔社.
山下祐介・市村高志・佐藤彰彦［2013］『人間なき復興――原発避難と国民の「不理解」をめぐって』明石書店.
除本理史・渡辺淑彦編［2015］『原発災害はなぜ不均等な復興をもたらすのか――福島事故から「人間の復興」，地域再生へ』ミネルヴァ書房.
Erikson, Kai [1994], *A New Species of Trouble: The Human Experience of Modern Disasters*, New York: W.W. Norton and Co.

◉第2章

朝日新聞いわき支局編［1980］『原発の現場――東電福島第一原発とその周辺』朝日ソノラマ.
NHKメルトダウン取材班［2021］『福島第一原発事故の「真実」』講談社.
恩田勝亘［1991］『原発に子孫の命は売れない――舛倉隆と棚塩原発反対同盟23年の闘い』七つ森書館.
佐藤栄佐久［2011］『福島原発の真実』平凡社新書.
新藤宗幸［2017］『原子力規制委員会――独立・中立という幻想』岩波新書.
東京電力福島原子力発電所事故調査委員会［2012］『国会事故調　報告書』徳間書店.

録』原発公聴会の民主化を要求する会.
藤井賢誠［2015］「ご先祖さまの眠る町――浄土真宗移民の地から」関礼子構成，関礼子編『“生きる”時間のパラダイム――被災現地から描く原発事故後の世界』日本評論社，146–163頁.
藤本陽一［2014］「核物理学者として生きた原子力時代――記録映画と共に振り返る」，丹羽美之・吉見俊哉編『記録映画アーカイブ 2　戦後復興から高度成長へ――民主教育・東京オリンピック・原子力発電』東京大学出版会，225–251頁.
復興庁［2022］「東日本大震災における震災関連死の死者数（令和4年3月31日現在調査結果）」.
（https://www.reconstruction.go.jp/topics/main-cat2/sub-cat2-6/20220630_kanrenshi.pdf）［最終アクセス日：2023年4月30日］
船橋晴俊［2012a］「むつ小川原開発と核燃料サイクル施設の歴史を解明する視点」，船橋晴俊・長谷川公一・飯島伸子『核燃料サイクル施設の社会学――青森県六ヶ所村』有斐閣，1–18頁.
船橋晴俊［2012b］「開発の性格変容と計画決定のありかたの問題点」，船橋晴俊・長谷川公一・飯島伸子『核燃料サイクル施設の社会学――青森県六ヶ所村』有斐閣，85–118頁.
松井健［1998］「マイナー・サブシステンスの世界――民俗世界における労働・自然・身体」，篠原徹編『現代民俗学の視点 1　民俗の技術』朝倉書店，247–268頁.
松本三和夫［2017］「構造災における制度の設計責任――科学社会学から未来へ向けて」，長谷川公一・山本薫子編『原発震災と避難――原子力政策の転換は可能か』有斐閣，28–58頁.
吉本隆明［1968］『共同幻想論』河出書房新社.

◆第1章

石井亨［2018］『もう「ゴミの島」と言わせない――豊島産廃不法投棄，終わりなき闘い』藤原書店.
今井照・自治体政策研究会編［2016］『福島インサイドストーリー――役場職員が見た原発避難と震災復興』公人の友社.
宇井純［1971］『公害原論』I・II・III，亜紀書房.
宇井純［2014］『宇井純セレクション 2　公害に第三者はない』藤林泰・宮内泰介・友澤悠季編，新泉社.
黒川祥子［2017］『「心の除染」という虚構――除染先進都市はなぜ除染をやめたのか』集

文献一覧

◆序章

伊東達也［2012］「福島原発事故から1年——何が進み，どこに問題があるのか」，『季論21』16: 36–48.

大森正之［2021］「負性を帯びた土地資本の論理——六価クロムによる土壌汚染事例を踏まえて」，『政経論叢』89(1･2): 1–39.

原子力委員会［1965］「昭和三九年版　原子力白書」，内閣府原子力委員会ウェブサイト.（http://www.aec.go.jp/jicst/NC/about/hakusho/wp1964/ss1010203.htm）［最終アクセス日：2023年4月1日］

原子力総合年表編集委員会編［2014］『原子力総合年表——福島原発震災に至る道』すいれん舎.

小泉康一［2009］『グローバリゼーションと国際強制移動』勁草書房.

厚生労働省自殺対策推進室［2023］「東日本大震災に関連する自殺者数（令和5年分）［暫定値，発見日・発見地ベース，人］（令和5年4月14日）」.（https://www.mhlw.go.jp/content/202303-shinsai.pdf）［最終アクセス日：2023年4月30日］

国土計画協会［1968］『双葉原子力地区の開発ビジョン』財団法人国土計画協会.

消防庁［2013］『東日本大震災記録集』.（https://www.fdma.go.jp/disaster/higashinihon/post.html）［最終アクセス日：2023年4月30日］

関礼子［2018］「震災リフレクション・遠隔地避難で生まれたユートピアとレジリエンスの『物語』——原口弥生氏の書評に応えて」，『環境社会学研究』24: 222–226.

関礼子［2019］「土地に根ざして生きる権利——津島原発訴訟と『ふるさと喪失／剝奪』被害」，『環境と公害』48(3): 45–50.

関礼子［2022］「農村のことは先ず農民自らに聴かねばならぬ」，『判例時報』2499: 136–138.

高橋哲哉［2012］『犠牲のシステム　福島・沖縄』集英社新書.

通商産業省公害保安局編［1972］『産業と公害』通産資料調査会.

日本科学者会議編［1973］『「東電福島第2原発」公聴会　60人の証言——関連資料収

野田岳仁（のだたけひと）＊コラムA
法政大学現代福祉学部准教授.
主要業績：『井戸端からはじまる地域再生——暮らしから考える防災と観光』（筑波書房，2023年），“Why do local residents continue to use potentially contaminated stream water after the nuclear accident? A case study of Kawauchi Village, Fukushima,” (Mitsuo Yamakawa and Daisaku Yamamoto eds., *Rebuilding Fukushima*, Routledge, 2017).

廣本由香（ひろもとゆか）＊コラムB
福島大学行政政策学類准教授.
主要業績：「福島原発事故をめぐる自主避難の〈ゆらぎ〉」（『社会学評論』67(3)，2016年），『鳥栖のつむぎ——もうひとつの震災ユートピア』（関礼子と共編，新泉社，2014年）.

林　勲男（はやしいさお）＊コラムC
国立民族学博物館名誉教授，人と防災未来センター震災資料研究主幹.
主要業績：『みんぱく実践人類学シリーズ 9　自然災害と復興支援』（編著，明石書店，2010年），『災害文化の継承と創造』（橋本裕之と共編著，臨川書店，2016年）.

西﨑伸子（にしざきのぶこ）＊第5章
芸術文化観光専門職大学教授.
主要業績：「原発災害における加害者の『応答の不在と暴力性』――低線量被ばくエリアに生きる経験を題材に」（『環境社会学研究』27，2021年），「原子力災害から3年目をむかえて――災害直後の社会状況と抗い」（『平和研究』42，2014年）.

除本理史（よけもとまさふみ）＊第6章
大阪公立大学大学院経営学研究科教授.
主要業績：『公害から福島を考える――地域の再生をめざして』（岩波書店，2016年），『きみのまちに未来はあるか？――「根っこ」から地域をつくる』（佐無田光と共著，岩波ジュニア新書，2020年）.

小山良太（こやまりょうた）＊第7章
福島大学食農学類教授.
主要業績：『福島に農林漁業をとり戻す』（濱田武士・早尻正宏と共著，みすず書房，2015年），『原発災害下での暮らしと仕事――生活・生業の取戻しの課題』（田中夏子と共編著・監修，筑波書房，2016年）.

望月美希（もちづきみき）＊第8章
静岡大学情報学部助教.
主要業績：『震災復興と生きがいの社会学――〈私的なる問題〉から捉える地域社会のこれから』（御茶の水書房，2020年），『東日本大震災後の長期・広域避難と支援の課題――静岡県における避難者支援活動に着目して』（『静岡大学情報学研究』28，2023年）.

◆執筆者

藤川 賢（ふじかわけん）＊第1章

明治学院大学社会学部教授.

主要業績：『シリーズ 環境社会学講座 1　なぜ公害は続くのか――潜在・散在・長期化する被害』（友澤悠季と共編著，新泉社，2023年），『ふくしま復興　農と暮らしの復権』（石井秀樹と共編著，東信堂，2021年），『放射能汚染はなぜくりかえされるのか――地域の経験をつなぐ』（除本理史と共編著，東信堂，2018年）.

長谷川公一（はせがわこういち）＊第2章

尚絅学院大学特任教授，東北大学名誉教授.

主要業績：『環境社会学入門――持続可能な未来をつくる』（ちくま新書，2021年），『社会運動の現在――市民社会の声』（編著，有斐閣，2020年）.

平川秀幸（ひらかわひでゆき）＊第3章

大阪大学COデザインセンター教授.

主要業績：『科学は誰のものか――社会の側から問い直す』（日本放送出版協会，2010年），「科学技術――科学を公共圏に取り戻すことは可能か」（日本アーレント研究会編『アーレント読本』法政大学出版局，2020年）.

高木竜輔（たかきりょうすけ）＊第4章

尚絅学院大学総合人間科学系社会部門准教授.

主要業績：『原発事故被災自治体の再生と苦悩――富岡町10年の記録』（佐藤彰彦・金井利之と共編著，第一法規，2021年），『原発避難者の声を聞く――復興政策の何が問題か』（山本薫子・佐藤彰彦・山下祐介と共著，岩波書店，2015年）.

編者・執筆者紹介

◆編者

関 礼子（せきれいこ）＊序章，第10章

立教大学社会学部教授．

主要業績：『新潟水俣病をめぐる制度・表象・地域』（東信堂，2003年），『“生きる”時間のパラダイム――被災現地から描く原発事故後の世界』（編著，日本評論社，2015年），『多層性とダイナミズム――沖縄・石垣島の社会学』（高木恒一と共編著，東信堂，2018年），「自然と生活を軽視する論理に抗う――新潟水俣病にみる公害被害の現在」（藤川賢・友澤悠季編『シリーズ 環境社会学講座 1　なぜ公害は続くのか――潜在・散在・長期化する被害』新泉社，2023年），『福島からの手紙――十二年後の原発災害』（編著，新泉社，2023年）．

原口弥生（はらぐちやよい）＊第9章，終章

茨城大学人文社会科学部教授．

主要業績：「環境正義は何を問いかけ，何を変えてきたのか」（藤川賢・友澤悠季編『シリーズ 環境社会学講座 1　なぜ公害は続くのか――潜在・散在・長期化する被害』新泉社，2023年），「3.11後の広域放射能汚染に関する茨城県内自治体の対応――市町村アンケート調査結果より」（蓮井誠一郎と共著，『人文社会科学論集』1，2022年），「被災者支援を通してみる原子力防災の課題」（『学術の動向』25(6)，2020年），「『低認知被災地』における問題構築の困難――茨城県を事例に」（藤川賢・除本理史編『放射能汚染はなぜくりかえされるのか――地域の経験をつなぐ』東信堂，2018年）．

シリーズ　環境社会学講座　刊行にあたって

気候変動、原子力災害、生物多様性の危機――、現代の環境問題は、どれも複雑な広がり方をしており、どこからどう考えればよいのか、手がかりさえもつかみにくいものばかりです。問題の難しさは、科学技術に対するやみくもな期待や、あるいは逆に学問への不信感なども生み、社会的な亀裂や分断を深刻化させています。

こうした状況にあって、人びとが生きる現場の混沌のなかから出発し、絶えずそこに軸足を据えつつ、環境問題とその解決の道を複眼的にとらえて思考する学問分野、それが環境社会学です。

環境社会学の特徴は、批判性と実践性の両面を兼ね備えているところにあります。例えば、「公害は過去のもの」という一般的な見方を環境社会学はくつがえし、それがどう続いていて、なぜ見えにくくなってしまっているのか、その構造を批判的に明らかにしてきました。同時に環境社会学では、研究者自身が、他の多くの利害関係者とともに環境問題に直接かかわり、一緒に考える実践も重ねてきました。

一貫しているのは、現場志向であり、生活者目線です。環境や社会の持続可能性をおびやかす諸問題に対して、いたずらに無力感にとらわれることなく、地に足のついた解決の可能性を探るために、環境社会学の視点をもっと生かせるはずだ、そう私たちは考えます。

『講座　環境社会学』（全五巻、有斐閣、二〇〇一年）、『シリーズ環境社会学』（全六巻、新曜社、二〇〇〇―二〇〇三年）が刊行されてから二〇年。私たちは、大きな広がりと発展を見せた環境社会学の成果を伝えたいと、新しい出版物の発刊を計画し、議論を重ねてきました。

そして、ここに全六巻の『シリーズ　環境社会学講座』をお届けできることになりました。環境と社会の問題を学ぶ学生、環境問題の現場で格闘している実践家・専門家、また多くの関心ある市民に、このシリーズを手に取っていただき、ともに考え実践する場が広がっていくことを切望しています。

シリーズ　環境社会学講座　編集委員一同

シリーズ 環境社会学講座 3
福島原発事故は人びとに何をもたらしたのか
——不可視化される被害，再生産される加害構造

2023 年 9 月 20 日　初版第 1 刷発行©

編　者＝関 礼子，原口弥生
発行所＝株式会社 新 泉 社
〒113-0034　東京都文京区湯島 1－2－5　聖堂前ビル
TEL 03(5296)9620　FAX 03(5296)9621

印刷・製本　萩原印刷
ISBN 978-4-7877-2303-1　C1336　Printed in Japan

シリーズ 環境社会学講座 全6巻

1 なぜ公害は続くのか
——潜在・散在・長期化する被害

藤川 賢・友澤悠季 編

公害は「過去」のものではない．問題を引き起こす構造は社会に根深く横たわり，差別と無関心が被害を見えなくしている．公害の歴史と経験に学び，被害の声に耳を澄まし，犠牲の偏在が進む現代の課題を考える．

公害を生み続ける社会をどう変えていくか．

［執筆者］関 礼子／宇田和子／金沢謙太郎／竹峰誠一郎／原口弥生／土屋雄一郎／野澤淳史／清水万由子／寺田良一／堀畑まなみ／堀田恭子／林 美帆

2 地域社会はエネルギーとどう向き合ってきたのか

茅野恒秀・青木聡子 編

近代以降の燃料革命はエネルギーの由来を不可視化し，消費地と供給地の関係に圧倒的な不均衡をもたらし，農山村の社会と自然環境を疲弊させてきた．

巨大開発に直面した地域の過去・現在・未来を見つめ，公正なエネルギーへの転換を構想する．エネルギーのあり方を問い直し，これからの社会のあり方を考える．

［執筆者］山本信次／中澤秀雄／浜本篤史／山室敦嗣／西城戸 誠／古屋将太／本巣芽美／丸山康司／石山徳子／立石裕二／寺林暁良

3 福島原発事故は人びとに何をもたらしたのか
——不可視化される被害，再生産される加害構造

関 礼子・原口弥生 編

史上最大の公害事件である福島第一原発事故がもたらした大きな分断と喪失．事故に至る加害構造が事故後に再生産される状況のなかで，被害を封じ込め，不可視化させようとする力は，人びとから何を剝奪し，被害の増幅を招いたのか．複雑で多面的な被害の中を生き抜いてきた人びとの姿を環境社会学の分析視角から見つめる．

4 答えのない人と自然のあいだ
——「自然保護」以後の環境社会学

福永真弓・松村正治 編

5 持続可能な社会への転換はなぜ難しいのか

湯浅陽一・谷口吉光 編

6 複雑な問題をどう解決すればよいのか
——環境社会学の実践

宮内泰介・三上直之 編

四六判・296〜320頁・各巻定価 2500 円+税

高倉浩樹・山口 睦 編

震災後の地域文化と被災者の民俗誌

フィールド災害人文学の構築

祭礼や民俗芸能の復興，慰霊と記念碑・行事，
被災者支援と地域社会…….
暮らしの文化が持つ再生への力を探究する.

被災後の地域社会はどのような変化を遂げてきたのか.
無形民俗文化財の復興・継承，
慰霊のありよう，被災者支援など，
地域社会と人びとの姿を見つめ，
災害からの再生に果たす生活文化の役割を考える.

A5判・288頁・定価2500円＋税
ISBN978-4-7877-1801-3

高倉浩樹・滝澤克彦 編

無形民俗文化財が被災するということ

東日本大震災と宮城県沿岸部地域社会の民俗誌

形のない文化財が被災するとはどのような事態であり，
その復興とは何を意味するのだろうか.

震災前からの祭礼，民俗芸能などの
伝統行事と生業の歴史を踏まえ，
甚大な震災被害をこうむった
それぞれの沿岸部地域社会における
無形民俗文化財のありようを記録・分析し，
その社会的意義を考察する.

A5判・320頁・定価2500円＋税
ISBN978-4-7877-1320-9

関 礼子 編

福島からの手紙

十二年後の原発災害

避難を強いられた人，留まることを強いられた人，
自主的に避難した人，留まることを選んだ人，
帰還した人，避難先での生活を続ける人――.

福島原発事故から 12 年.
人びとに流れた時間はどのようなものだったのか.
人びとはどのような〈いま〉を生きているのか.
17 人が語る，12 年後の福島の物語.

A 5 判・128 頁・定価 1000 円＋税
ISBN978-4-7877-2309-3

李善姫・高倉浩樹 編

災害〈後〉を生きる

慰霊と回復の災害人文学

未曾有の大震災から 10 余年.
大きな喪失感を抱えた人びとと共同体は，
災害の記憶をどのようにとらえ，
慰霊と回復に向き合ってきたのか.

国内外の人類学，民俗学，宗教学などの研究者が，
長年にわたるフィールドワークをもとに，
被災地と人びとの「再生」に向けた歩みを見つめる.

A 5 判・280 頁・定価 2700 円＋税
ISBN978-4-7877-2208-9